防灾避险丛书

台风

赵鹏飞 李吉奎 编著

南京出版传媒集团
南京出版社

图书在版编目（CIP）数据

台风 / 赵鹏飞，李吉奎编著．— 南京：南京出版社，2016.5

（防灾避险丛书）

ISBN 978-7-5533-1118-0

Ⅰ．①台… Ⅱ．①赵… ②李… Ⅲ．①台风灾害－灾害防治－青少年读物②台风灾害－自救互救－青少年读物 Ⅳ．①P425.6-49

中国版本图书馆 CIP 数据核字（2015）第 266362 号

丛 书 名：防灾避险丛书
书　　名：台风
作　　者：赵鹏飞　李吉奎
出版发行：南京出版传媒集团
　　　　　南 京 出 版 社
社　　址：南京市太平门街 53 号　　邮　　编：210016
网　　址：http://www.njcbs.cn　　电子信箱：njcbs1988@163.com
天猫 1 店：https://njcbcmjtts.tmall.com
天猫 2 店：https://nanjingchubanshets.tmall.com
联系电话：025-83283893、83283864（营销）　025-83112257（编务）

出 版 人：朱同芳
出 品 人：卢海鸣
责任编辑：谢　微
装帧设计：睿通文化
责任印制：杨福彬

印　　刷：唐山新苑印务有限公司
开　　本：787 毫米 ×1092 毫米　1/16
印　　张：10
字　　数：150 千字
版　　次：2016 年 5 月第 1 版
印　　次：2018 年 9 月第 3 次印刷
书　　号：ISBN 978-7-5533-1118-0
定　　价：29.80 元

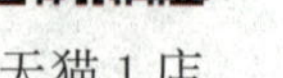

天猫 1 店

天猫 2 店

营销分类：科普　防灾

前 言

台风是一种自然现象，由逐渐发展而强大的热带气旋形成。在每年的夏季和秋季，台风都会给人们带来巨大的灾难。

台风的破坏力是惊人的。在海面上，台风挟裹着海水，能够卷起房子那么高的巨浪，渔船与海洋生物都被它收入囊中。台风登陆后，如果它的速度超过每秒17米，就能不费吹灰之力地将一棵大树连根拔起，或者轻轻松松掀翻一辆汽车。台风与特大暴雨常常结伴而行，其所到之处，顷刻间就能淹没广阔的农田和成片的房屋。随之而来的还有风暴潮、山体滑坡、洪水等灾害。

台风是世界上最严重的自然灾害之一。其难以预测的突发性和巨大的破坏力曾使全球无数国家和地区遭受重大灾害，让不计其数的人们丧失生命或无家可归。然而，台风并非一无是处，它给人们带来灾害的同时，也带来了充足的降水，缓解了人们的用水之需。

为此，了解有关台风的常识，全面地认识台风，我们才能更好地使台风灾害减至最低程度，避其害，用其利，造福人类。

目录 CONTENTS

第一章

台风是怎么发生的

狂风暴雨大作，巨浪和风暴潮肆虐，所到之处，大片庄稼、树木被毁，房屋倒塌，交通中断，人畜生命遭到威胁，这就是台风。台风是世界上最严重的自然灾害之一。

2008年5月21日，缅甸仰光遭受了百年不遇的强台风袭击，后果极其严重：粗壮的大树被连根拔起或者折断，房屋和公路被树木压垮、堵塞，水电、通信全无，从城镇到乡村一片狼藉。据缅甸官方报道，整个受灾地区有5 000余平方千米遭受了洪水的侵袭，在这次台风灾难中丧生的人数有8万多人，大多数遇难者是被伴随台风而来的洪水席卷而去的，还有数百万人无家可归。

2009年，台风“莫拉克”造成我国台湾和内地共500多人死亡，近200人失踪，46人受伤。台湾南部雨量超过2 000毫米，造成经济损失达数百亿元新台币，大陆造成经济损失达近百亿元人民币。

2011年8月27日，飓风“艾琳”在美国北卡罗来纳州登陆，美国东海岸的10个州进入紧急状态，约230万居民被疏散，飓风“艾琳”最终导致至少40人死亡。

2012年8月29日，飓风“艾萨克”在美国路易斯安那州东南沿岸登陆，狂风夹杂着暴雨袭击了该州新奥尔良等地，造成近10万户家庭与商业单位断电。为应对本次飓风，美国、墨西哥湾沿海地区的各级政府严阵以待，并对沿海或低洼地带数以千计的居民下达了紧急疏散令。

2012年10月24至26日，飓风“桑迪”袭击了古巴、多米尼亚、牙买加、巴哈马、海地等地，掀起巨大的海浪，致使洪水泛滥，成千上万的居民被迫撤离家园，很多村庄和房屋被洪水淹没，造成大量财产损失和人员伤亡。

2013年6月27日至7月3日，强热带风暴“温比亚”袭击菲律宾、越南、中国等地，造成55人死亡，经济损失达125万美元。

台风给人类造成巨大的经济损失和人员伤亡，因此，我们要掌握台风的基本知识，运用这些知识来预防和避免台风造成的伤害。

气象学上将大气中的涡旋称为气旋。台风就是大气中的一种涡旋，它一面强烈地旋转，一面在海上向前移动或登上陆地，引起狂风、暴雨、巨浪及风暴潮等灾害性天气。因为这种气旋产生在热带洋面，所以被称作热带气旋。因此，要想了解台风，就要先知道气旋是怎么一回事。

1.什么是气旋

地球表面覆盖着一层厚厚的空气，我们称之为大气或大气层。大气层就像一件厚厚的衣服，时时刻刻保护着地球。大气由许多种气体组成，其中所包含的氧气对于人类的生存最为重要。像鱼类生活在水中一样，我们人类就生活在大气层的底部，并且一刻也离不开大气。这层空气可以传递声波，帮助人类进行语言交流。这层大气的存在，还可以阻止有害人类健康的辐射线，保护人类的正常生活和世代繁衍。

大气不是静止不变的，它无时无刻不在运动着，而且运动范围较广，形式也是多种多样的。我们所感受到的风就是大气运动的一种表现形式。大气的运动变化是由大气中热能的交换所引起的，热能主要来源于太阳，热能交换使得大气的温度有高有低。空气的运动和气压系统的变化活动，使地球上海陆之间、地面和高空之间的能量不断交换，生成复杂的气象变化和气候变化。

大气有一种运动形式表现得如同江河里的涡旋，随着主流旋转着前进。在地球的南半球，这种大型空气涡旋在空气环绕中心做顺时针方向旋转，被称为气旋，若做逆时针旋转则被称为反气旋。而北半球正好与南半球相反，北半球做逆时针方向旋转的大型空气涡旋，被称为气旋；做顺时针方向旋转的被称为反气旋。

气旋又被称为低压，因为其涡旋中心气压最低，故名。气旋的平均直径为1 000千米左右，其中，小的气旋直径为200~300千米，大的气旋直径为2 000~3 000千米。反气旋则因其涡旋中心气压最高又被称为高压。反气旋的直径要比气旋的直径更大，最大的可以与大洲、大洋相比。

气旋和反气旋是大型天气系统。一般来说，气旋对应着阴雨绵绵的天气，反气旋则对应着晴朗明媚的天气。

气旋由于中心气压低，气压由中心向外递增，空气不断流入中心，形成上升气流，气流在高空遇冷凝结，就会出现云雨天气和大风等。台风就是发生在热带或副热带洋面上的强热带气旋。

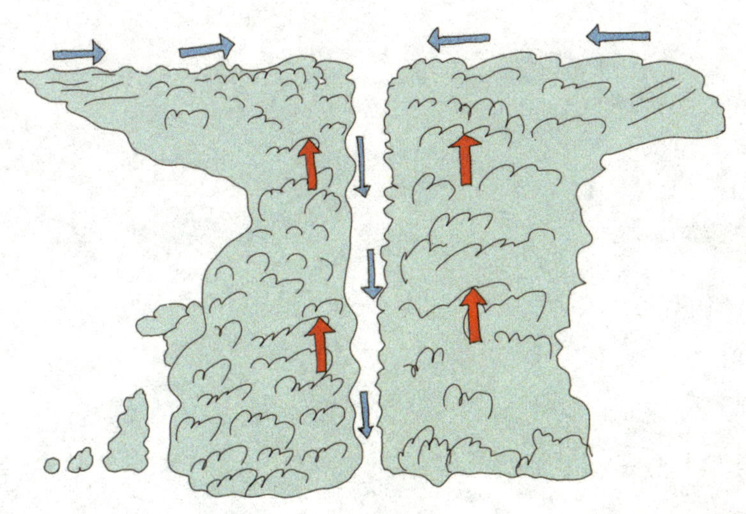

2.热带气旋是怎么回事

热带气旋就是发生在热带或副热带洋面上的低压涡旋，是一种强大而深厚的热带天气系统。像在流动江河中前进的涡旋一样，它能够一边围绕自己的中心急速旋转，一边随周围大气向前移动。在北半球，热带气旋沿逆时针方向旋转，在南半球则沿顺时针方向旋转。

热带气旋的生成和发展需要巨大的能量，因此它形成于高温、高湿和其他气象条件适宜的热带洋面。据统计，除南大西洋外，全球的热带海洋上都有热带气旋生成。

热带气旋通常在热带地区离赤道3~5个纬度外的海面（如西北太平洋、北大西洋、印度洋）上形成，最终在海上消散，或者变为温带气旋，或登陆后消散。

热带气旋在活动过程中，伴随有狂风、暴雨、巨浪和风暴潮。登陆陆地的热带气旋会造成严重的财产损失和人员伤亡，是自然灾害的一种。不过热带气旋亦是大气循环的一个组成部分，能够将热能由赤道地区带往较高纬度。

世界气象组织规定，热带气旋按其中心附近的2分钟平均最大风力等级（以蒲氏风力等级表示）区分为不同的强度，不同强度的热带气旋具有不同的名称。

热带低压：热带气旋中心附近最大风力小于8级。

热带风暴：热带气旋中心附近最大风力为8级或9级。

强热带风暴：热带气旋中心附近最大风力为10级或11级。

台风：热带气旋中心附近最大风力为12级或以上才被称为台风。

由此可见台风是由热带气旋逐渐发展而来的，当热带气旋的风速和风力达到一定数值后，才被称为台风。

3.我国热带气旋的等级标准是怎么划定的

1989年以前，我国把中心附近最大风力达到8级或以上的热带气旋称为台风，将中心附近最大风力达到12级的热带气旋称为强台风。1989年后，我国采用了热带气旋国际通用分类标准，具体如下。

热带低压：热带气旋中心附近最大风力小于8级。

热带风暴：热带气旋中心附近最大风力为8级或9级。

强热带风暴：热带气旋中心附近最大风力为10级或11级。

台风：热带气旋中心附近最大风力为12级或以上才被称为台风。

采用热带气旋国际通用等级标准以后，“强台风”用语已被禁用。然而，在16年后的2005年出现的台风“泰利”“卡努”都曾经被冠以强台风之名。气象部门没有干预这次的非气象专业的新闻报道，这预示了中国气象局将要对热带气旋国际通用标准进行修订。修订的理由很简单，如果对12级以上的热带气旋只是统称为台风，这样的名称、风力描述等都过于简单而笼统，不利于普通民众对其进行区分与认识。

2006年5月15日我国颁布了《热带气旋等级》新标准。新标准有利于人们更好地了解台风。

我国颁布的《热带气旋等级》新标准

风速（米／秒）	风力（级）	等级名称
10.8~17.1	6~7	热带低压
17.2~24.4	8~9	热带风暴
24.5~32.6	10~11	强热带风暴
32.7~41.4	12~13	台风
41.5~50.9	14~15	强台风
大于或等于51.1	16级或以上	超强台风

4.台风和飓风是一回事吗

台风和飓风其实是一回事，都是指中心附近风力达12级（风速32.7米/秒）的热带气旋。只是因为发生的地域不同，才有了不同的名称。

在北半球，北太平洋西部、国际日期变更线以西，包括南中国海范围内发生的强热带气旋被称为“台风”。而在大西洋或北太平洋东部的强热带气旋则被称为“飓风”。也就是说，台风在欧洲、北美一带称“飓风”，在东亚、东南亚一带称为“台风”；在孟加拉湾地区被称作“气旋性风暴”；在南半球则被称为“气旋”。

美国使用萨菲尔—辛普森飓风等级分类飓风，根据飓风强度把飓风分为1至5级，级数越高表明飓风最高持续风速越高。

萨菲尔—辛普森飓风破坏潜力标准（5级飓风等级表）

等级	中心气压（百帕）	风速（千米／小时）	风暴潮高度（米）
1	>980	119~153	<1.8
2	965~979	154~177	1.8~2.5
3	945~964	178~209	2.6~3.7
4	920~944	210~249	3.8~5.5
5	<920	>249	>5.5

为方便对比，我们用1米／秒=3.6千米／小时进行换算，3个级别的台风与5个级别的飓风的比较结果是：台风相当于1级飓风；强台风相当于2级飓风，超强台风则相当于3级或3级以上飓风。

由此可见，超强台风（≥184千米／小时）相对于5级飓风（>249千米／小时）而言，破坏力较小。飓风的分级，是气象科学发展的结果，台风也必然要根据气象科学的发展再分级。

5.台风主要发生在哪些地区

全球的台风主要集中发生在南、北半球5个纬度带至20个纬度带内，主要包括东北太平洋、西北太平洋、西南太平洋、西北大西洋、阿拉伯海、孟加拉湾、澳大利亚西北部和南印度洋西部8个大洋区。

东南太平洋和南大西洋至今尚未发生过台风，赤道两侧的5个纬度范围内也几乎没有发生过台风。

据相关气象学家统计，全球平均每年都会发生80~100次台风，大多数都发生在太平洋和大西洋上。

在这里，我们着重介绍发生在西北太平洋地区的台风。这里的台风主要集中在以下四个地区。

菲律宾群岛以东和琉球群岛附近海面

这一带是西北太平洋台风多发区，全年几乎任何时候都有台风发生。1~6月份出现在北纬15度以南的菲律宾萨马岛和棉兰老岛以东的附近海面；6月以后由此区域向北伸展；7~8月份出现在菲律宾吕宋岛到琉球群岛附近海面；9月又向南移到吕宋岛以东附近海面；10~12月份又移到菲律宾以东的北纬15度以南的海面上。

关岛以东的马里亚纳群岛附近海面

这一区域海面的台风多发季节在7~10月，5月份以前很少，6月、11月和12月则主要发生在群岛以南附近的海面上。

马绍尔群岛附近海面

台风多集中在该群岛的西北部和北部。10月发生最为频繁，1~6月份则少有台风生成。

中国南海的中北部海面

受我国气候影响，6~9月份为台风的多发季节，1~4月份则少有发生，5月逐渐增多，10~12月份又减少，发生地点则比较集中，多发生在北纬15度以南的北部海面上。

6. 台风是如何形成的

我们烧开水时，锅底的水会往上涌，这是锅底的水受热后体积膨胀所致。空气也是这样，下层空气受热后，就会往上升。

在热带或副热带海洋上，海面因受到太阳直射而使海水温度升高，海水容易蒸发成水汽散布在空中，故热带海洋上的空气温度高、湿度大，这种空气因温度高而膨胀，致使密度减小，质量减轻，而赤道附近风力微弱，所以很容易上升，发生对流作用，同时周围之较冷空气流入补充，然后再上升，如此循环，终使整个气柱皆为温度较高、重量较轻、密度较小之空气，这就形成了热带低压。然而空气之流动是自高气压流向低气压，就好像水是从高处流向低处，四周气压较高处的空气必向气压较低处流动，而形成风。

在夏季，因为太阳直射区域由赤道向北移，致使南半球之东南信风[①]越过赤道转向成西南季风[②]侵入北半球，和原来北半球的东北信风相遇，更迫挤此空气上升，增加对流作用，再因西南季风和东北信风方向不同，相遇时常造成波动和涡旋。这种西南季风和东北信风相遇所造成的辐合作用，和原来的对流作用持续不断，使已形成低气压的涡旋继续加深，也就是使四周空气加快向涡旋中心流，流入愈快时，其风速就愈大；当近地面最大风速达到或超过每秒32.7米时，我们就称它为台风。

①东南信风：南半球副热带高压中的空气向北运行时，由于受地球自转偏向力的影响，空气运行偏向于气压梯度力的左方，形成东南风，即东南信风。

②西南季风：由于海陆热力差异或行星风带随季节移动而引起的大范围地区的、随季节而改变风向的盛行风，叫季风。风向为西南的夏季季风，主要盛行于南亚和东南亚一带。

7. 台风的形成需要什么条件

在热带洋面上经常有许多弱小的热带漩涡，我们称它们为台风的“胚胎”，因为台风总是由这种弱的热带漩涡发展成长起来的。通过气象卫星已经查明，在洋面上出现的大量热带涡旋中，大约只有10%能够发展成台风。可见不是所有的热带涡旋都能发展成为台风，那么要形成台风需要什么条件呢？

一般说来，一个台风的发生，需要具备以下几个基本条件。

广阔的热带洋面

台风形成要有足够广阔的热带洋面，这个洋面不仅要求海水表面温度要高于26.5℃，而且在60米深处的海水里，水温都要高于这个温度。

广阔的洋面是形成台风的必要自然环境，台风内部空气分子之间互相摩擦，每平方厘米每天平均要消耗的能量很多，需要3 100~4 000卡，这个巨大的能量只有广阔的热带海洋释放出的潜热[1]才能供应。

另外，台风周围旋转的强风，会引起中心附近的海水翻腾。这种海水翻腾现象能影响到60米的深度。在海水温度低于26.5℃的海洋面上，因热能不够，台风很难维持。为了确保在这种翻腾作用过程中，海面温度始终在26.5℃以上，就必须有厚度为60米左右的暖水层。

①潜热：指单位质量的物质在等温等压情况下，从一种状态到另一种状态吸收或放出的热量。

弱的热带涡旋

在台风形成之前，预先要有一个弱的热带涡旋存在。就如同机器的运转需要消耗能量一样，台风也是如此，转动时要消耗大量的能量，因此要有能量来源。台风的能量是来自热带海洋上的水汽。

在一个事先已经存在的热带涡旋里，涡旋内的气压比四周低，周围的空气挟带大量的水汽流向涡旋中心，并在涡旋区内向上运动；湿空气上升，水汽凝结，释放出巨大的凝结潜热，才能促使台风这部大机器运转。所以，即使有了高温高湿的热带洋面供应水汽，如果没有空气强烈上升，产生凝结释放潜热的过程，也不可能形成台风。所以，空气的上升运动是生成和维持台风的一个重要因素。然而，其必要条件则是先存在一个弱的热带涡旋。

足够大的地转偏向力

地球自转，产生了一个使空气流向改变的力，称为地球自转偏向力。在旋转的地球上，地球自转的作用使周围空气很难直接流进低气压，而是沿着低气压的中心做逆时针方向旋转（在北半球），这样就生成了气旋性涡旋。

地转偏向力在赤道附近近于零，向南北两极逐渐增大，故台风基本发生在大约距离赤道5个纬度以上的洋面上。

垂直方向风速不能相差太大

在弱低压上方，高低空之间的风向与风速差别较小。在这种情况下，上下空气柱一致行动，高层空气中的热量容易积聚，从而增暖。气旋一旦生成，在摩擦层以上的环境气流将沿等压线流动，高层增暖作用也就进一步完成。

这些只是台风产生的必要条件，而具备这些条件，也不等于就一定会有台风。台风的发生是一个复杂的过程，人类至今尚未彻底搞清楚。

8.台风的生命有多长

台风从生成到消亡一般要经过3个阶段。第一个是生成阶段（大多数台风在这个阶段消失）；第二个阶段是成熟阶段，一般有一个完整清晰的台风眼，此时台风中心气压达到最低，大风和暴雨的范围也达到最大；第三阶段是减弱消亡阶段。

生成阶段

台风形成之前，在热带洋面上有不少小低压，或叫热带扰动，它们当中有极少数在适宜的大气环流背景下得以发展而形成台风。这是台风的“幼年期”，好比初生的小老虎，威力尚小。

成熟阶段

台风形成之后，一般受副热带高压南部边缘的东风气流影响，边移动，边发展，逐渐走向成熟。此时，台风中心气

压值很低，台风影响范围最广，所到之处，风急雨骤，有一个清晰可见的台风眼。台风内各种气象要素和天气现象的水平分布可以分为外层区（包括外云带和内云带）、云墙区和台风眼区三个区域。台风中最大风速发生在云墙的内侧，最大暴雨发生在云墙区，所以云墙区是最容易形成灾害的狂风暴雨区。当云墙区的上升气流到达高空后，由于气压梯度的减弱，大量空气被迫外抛，形成流出层，只有小部分空气向内流入台风中心并下沉，造成晴朗的台风中心，这就是台风眼区。

减弱消亡阶段

台风从发展之初就遇到了促使其消亡的种种条件，台风的消亡通常有以下几种情况。

（1）台风移到陆地上后，陆上供给它的暖湿空气与海洋上相比大为减少，如同机器断电，用于凝结的水少了，凝结潜热必然少，在陆地摩擦的“配合”下，台风逐渐衰减、消亡。但是其中有一部分台风在近海地区登陆后能重新入海，在海上再度补充能量后而得以加强。

（2）当台风进入中高纬度时，一方面受到冷空气的入侵，另一方面因纬度关系海面的水温也降低了，热带气旋中心的温度场不再呈暖心结构，低压中心随高度变化由垂直变为有相当大的倾斜，失去了热带气旋所有的特性而变成温带气旋。这个过程也称为热带气旋的变性。

（3）台风范围内大量降水。大量的降水过程就是热带气旋能量释放的过程，能量释放完了，热带气旋也就随之减弱消亡了。

（4）被低压区影响。弱的台风受另一低压区的影响，台风会受破坏而成为非气旋性雷暴，或被另一个较强的热带气旋吸收。

（5）冷洋流、冷水面则是台风消亡于水上的原因。台风如果在同一海面上滞留过久，翻起海平面30米以下较凉的海水，热量吸干，使表面水温下降，无法维持强度，台风因而减弱。

（6）遇上强烈垂直风切变，对流组织受破坏。

台风从形成初期的热带气旋起直到消失或转变为温带气旋为止，一般为3~8天，最长的有20天以上的，最短的为1~2天。台风通常在夏季、秋季生命期较长，冬季、春季生命期较短。

9.你知道台风的结构吗

台风是一个强大的暖性低压系统，其中心气压常在970百帕[①]左右。其水平范围以最外围近圆形的等压线为准，直径一般为600~1 000千米，最大直径可达2 000千米，最小的仅100千米。台风区内等压线近似同心圆。愈近台风中心，等压线愈密集，水平气压梯度[②]愈大，风速也愈大。

根据台风区内低空风速大小的分布，可以将一个发展成熟的台风分为三个区域，分别为台风外围区（风力8级以下）、台风涡旋区和台风眼区。

台风外围区

自台风的边缘向内一直到最大风速区的外缘是台风外围区。该区域风速向台风中心急增，风力在6级以上，直径为400~600千米。此部分由层积云[③]或浓积云[④]组成，以较小的角度旋向台风内部。

该区域的云层常出现异乎寻常的现象，通过观察这些现象，人们就知道台风即将来临。有关台风来临的征兆，我们将在后面的章节中详细介绍。

---

①百帕：气压的单位。1百帕=100帕斯卡。

②水平气压梯度：指同一水平面上，单位距离间的气压差。

③层积云：云块一般较大，在厚薄、形状上有很大差异，有的成条，有的成片，有的成团；常呈灰白色或灰色，松散，薄的云块可辨太阳的位置，厚的云块比较阴暗；云块常成群、成行或成波状排列。

④浓积云：指浓厚的积云，云块底部平坦而灰暗，顶部成重叠的圆弧形凸起，很像花椰菜；垂直发展旺盛时，个体臃肿、高耸，在阳光下边缘白而明亮；有时可产生阵性降水。

台风涡旋区

从最大风速区外缘到台风眼壁的区域是台风涡旋区。该区域是台风中对流和风雨最强烈的区域，其直径为200千米左右，高达十几千米。一般由数条积雨云或浓积云组成的云带直接被卷入台风内部。

台风眼区

台风眼区是指台风中心，台风眼区气流下沉，通常是静稳无风的晴朗天气。其范围很小，一般直径为10~69千米。

10. 台风眼区为何是晴朗的天气

在卫星云图上，台风眼区表现为密闭云区中心附近的一个大黑点。眼区通常呈圆形，也有椭圆形或不规则的形状，当热带气旋发展初期，眼区形状一般不规则，范围也较大；而热带气旋强烈发展时，眼区范围缩小呈圆形，并呈轴对称分布。

台风眼是台风中最神秘的区域，这里气温最高，气压最低。气压最低应当是云雨天气，但事实却相反。在台风眼中非但没有风雨，而且还是风轻云淡的好天气。这是怎么回事呢？

台风是范围很大的一团旋转的空气，中心气压很低，四周的空气绕着它的中心以逆时针方向快速旋转。低层空气边旋转边向低压中心流动，空气流动速度越快，风速也越大。由于台风眼外围的空气旋转得太厉害，在离心力的作用下，外面的空气不易进入到台风中心区，因此台风眼区就像由云墙包围的孤立的管子。它里面的空气几乎是不旋转的，因而也就没有风或风很微弱。

台风眼区外的空气，向低压中心推进，它们挟带着大量的水蒸气，由于不易进入眼区，而在其外围上升，形成大片灰黑色臃肿高耸的云层，下着倾盆大雨。而台风眼区内出现了下沉气流，因而云消雨散，夜间还能看到闪烁的星星。由于台风眼中一般是晴或少云天气，因而在卫星云图上呈黑色小圆点状。但台风眼移过后，天气将重新变得极为恶劣。

11. 台风移动的路径有什么规律

夏季有台风时，如果你连续收听气象预报，并将每次报告的台风中心位置记在一张地图上，就可以发现，台风中心所经过的路径，基本上是抛物线和直线形的，它很有规律地在地球上移动着。

促使台风移动的力量有两种：一种是内力，另一种是外力。

内力是台风本身所产生的力。因为台风本身是一团以逆时针旋转着的空气，在旋转时，移动方向要受到地球自转的影响而发生偏向。这种偏向往往是台风向高纬度的一侧比向赤道来得大；就整个台风来说，产生了一个向高纬度的力，这就是内力。内力促使台风向北移动。

外力是台风周围的空气运动时，对台风的推力。夏秋之季，太平洋上常有一个独立的高气压（一般称它为副热带高压），这个高气压四周的风向与台风的移动路径也有关系。台风发生在太平洋高气压的南部边缘，那里就劲吹东风，于是使台风向西行。

内力和外力合在一起，就促使台风向西北方向移动。但它在移动时受太平洋副热带高气压的影响很大。由于副热带高气压的强度、西伸东缩以及断裂的情况不同，使台风的未来路径也就不同。如果副热带高气压西伸并加强，台风路径就在偏南的地方向西行进；如果副热带高气压在台风北方东退或断裂，台风就可能在高压的西缘或裂口处转向北行，当绕到高压西北边缘，在西南风的影响下，就向东北方向前进。总的来说，台风的路径往往呈抛物线形。

台风会在移动过程中边转边走，而且它的面积越转越大，在热带海洋上形成的时候，直径一般只有100千米，然后渐渐发展，当移到北纬30度附近的地方时，面积可比原来增大10倍多，以后再继续前进，力量就逐渐削弱，最后消失。

一般台风只掠过我国的边缘，而后朝日本方向移去，所以它只影响我国的广东、台湾、福建、浙江、江苏等省和上海市；山东沿海和辽东半岛有时也会受到些影响，但很少影响到北方各省和内地各省区，只有当太平洋副热带高压的西缘侵占到我国江南地区时，台风才会在东南沿海登陆而进入内地。

12. 台风的移动路径是怎样的

由于副热带高压的形状、位置、强度变化以及其他因素的影响，致台风移动路径的规律并非一致，而且变得多种多样。西北太平洋西部地区的台风移动大体有3种基本路径和1种异常路径。

基本路径

（1）西移路径：此路径的热带气旋经过巴士海峡或菲律宾、巴林塘海峡进入我国南海，西行到海南岛的东南部或越南登陆；有时，在我国南海西行一段时间后，会突然向北移动，进入华南沿海或者登陆。西行路径的热带气旋对我国华南沿海地区的影响较大，登陆的可能性最大，危害也最大。

（2）西北路径：此路径的热带气旋是从菲律宾以东向西北方向移动。在我国台湾地区登陆后，穿过台湾海峡在福建再次登陆，或者在上海、浙江和江苏沿海地区一带登陆，登陆后在陆地上会逐渐减弱直至消失。沿此路径的热带气旋对我国华东沿海地区的影响最大，狂风、暴雨、风暴潮和巨浪等会给沿海地区的工农业、渔业造成直接经济损失，但对内陆地区的干旱却有一定的缓解作用。

（3）转向路径：转向路径也叫作抛物线形路径。此路径的热带气旋从菲律宾以东出发，向西北方向移动，在北纬25度附近，转向东北方，向日本方向移动，路径呈右抛物线状。转向路径的热带气旋对我国影响不大，但当转向点靠近我国东海和黄海南部时，则对我国东部沿海地区影响较大。

异常路径

台风的路径除了正常的向西、西北移动和抛物线形转向外，还经常表现出不循常规、行动怪异的一面。打转和蛇行就是一种异常路径。

当台风所处的环境形势变化很快，或是海上有多个台风相互影响时，台风的移动路径会变得比较怪异，这就像陀螺受到外力的影响，中心将做气旋式圆弧运动。当这种运动正好和原运动的方向相反时，就会导致台风的停滞或打转。台风在移动中既有顺时针打转，也有逆时针打转。台风逆时针打转的原因主要由双台风的相互引导造成，而顺时针的打转一般发生在环境流场比较弱的情况下。如果所受到的外力作用不平衡，便会左右摇摆，像一条运动的蛇。这样的移动路径很复杂，也更难预测，所以更容易成灾。例如，2005年第

5号台风“海棠”的路径，就像一条蛇在蜿蜒爬行，缓慢地在我国台湾的东部海面上转了一圈后，穿过台湾岛进入台湾海峡，最后在我国福建再次登陆。其怪异的路径，让人防不胜防，给当地造成了极为严重的灾害。

台风移动的路径受季节变化的影响很大。一般来说，夏季多为西北路径，其他季节多为西移路径和转向路径。西移路径的位置随季节的更迭变化很大，1月~4月是在北纬10度以南，5月~6月多在10度~15度之间，7月~8月在15度~25度之间，9月~10月南移到15度~20度之间，11月~12月多在10度~15度之间。转向台风转向点经纬度的变化也具有季节变化的规律：自冬向夏，转向点的纬度逐渐增加，在盛夏达到最北的位置；自夏向东，转向点逐渐移向低纬度。转向点的经度变化是，5月~10月向东移，11月~12月向西移。

13.台风是怎样命名的

人们谈台风而色变，但有个奇怪的现象是，每个台风都有个好听的名字，如“达维”“悟空”“蝴蝶”“玛利亚”“宝霞”等之类的名字。那么台风的这些名字是从哪里来的呢?

人们对台风的命名始于20世纪初期。据说，首次给台风命名的是20世纪早期的一位澳大利亚预报员，他将台风命名为一个他不喜欢的政治人物，借此讥讽。后来，因为海上可能会同时出现多个台风，为了避免混淆，开始正式以人名为台风命名。开始只用女性的名字，后来因受到女权主义者的反对，从1979年开始，将一个男人和一个女人的名字交替使用。

我国一直采用热带气旋编号办法，对发生在经度180°以西、赤道以北的西北太平洋和南海海面上的中心附近最大平均风力达到8级及以上的热带气旋，按其生成的先后顺序进行编号。如9608号热带风暴即是1996年在上述海域生成的第8个热带气旋，当它发展成为强热带风暴时，就称为9608号强热带风暴，继续发展成为台风时，就称为9608号台风。当然，当它又衰减成热带风暴时，它又被称为9608号热带风暴了。当热带气旋衰减为热带低压或变性为温带气旋时，则停止对其编号。

在没有国际统一的命名规则以前，同一个台风在不同的地区往往有几个称呼。为了避免台风名称混乱，1997年11月25日~12月1日，有关国家和地区在香港举行的世界气象组织（简称WMO）台风委员会第30次会议上决定规范台风的命名，其中，西北太平洋和南海的热带气旋，采用具有亚洲风格的名字命名。其命名方法是：事先制定一个命名表，然后按照顺序年复一年地循环使用。该命名表共有140个名字，由世界气象组织所属的亚太地区的柬埔寨、中国、朝鲜、香港地区、日本、老挝、澳门地区、马来西亚、密克罗尼西亚联邦、菲律宾、韩国、泰国、美国和越南14个成员国和地区提供。每个国家或地区提供10个名字。这140个名字分成10组，每组的14个名字，按每个成员国英文名称的字母顺序依次排列，按顺序循环使用。我国为台风委员会提供的10个名字分别是：龙王、悟空、玉兔、海燕、风神、海神、杜鹃、电母、海马、海棠。同时，保留原有热带气旋的编号。

台风的名称很少有灾难的意义，多是一些“温柔”的名字，以期待台风带来的伤害小些。台风委员会规定选择的原则是：文雅，有和平之意，不能为各国带来麻烦、不涉及商业命名，因此各国多选择以自然美景、动植物来为台风命名，便有了中国传说中的形象孙悟空、美丽的玉兔，有了密克罗尼西亚传说中的风神“艾云尼”，柬埔寨的树木“科罗旺”、马来西亚的水果“浪卡”以及泰国的绿宝石“莫拉克”。

台风实际命名的工作则是由日本气象厅（东京区域专业气象中心）负责。每当日本气象厅将西北太平洋或南海上的热带气旋确定为热带风暴强度时，即根据台风命名表给予名字，并同时给予一个四位数字的编号。编号中前两位为年份，后两位为热带风暴在该年生成的顺序。例如0312，即2003年第12号热带风暴（当其达到强热带风暴时，称为第12号强热带风暴；当其达到台风强度时，称为第12号台风），英文名字为KROVANH，中文名为“科罗旺”；0313即2003年第13号热带风暴，英文名为DUJUAN，中文名“杜鹃”。

一般情况下，台风命名表是固定不变的，除非当某个台风造成了特别重大的灾害或人员伤亡而声名狼藉，变得十分知名时，为了防止混淆，会考虑将这个名字从命名表中删去，也就是将这个名称永远命名给这次热带气旋，之后的热带气旋不再使用这一名称。当某个台风的名称被从命名表中删除后，台风委员会会根据相关成员的提议，对热带气旋的名称进行增补。

如2005年10月2日的“龙王”台风先后登陆我国台湾和大陆地区发难。由于台风“龙王”登陆后，给东南沿海造成了重大经济损失和众多人员伤亡，经我国申请，于2005年11月世界气象组织下属台风委员会第38届会议决定，将“龙王”从台风名册中划出，之后我国提交了新的台风名字“哪吒”。

“下台”的台风名字还有：2001年的“画眉”，2002年的“鹿莎”，2003年的“伊布都”“翰文”，2004年的“云娜”，2006年的“象神”“珍珠”“碧利斯”“桑美”等。

14.什么是双台风效应

1921年至1923年，日本气象学家藤原博士进行了一系列的水流涡旋实验及观测。他发现当两个水漩涡接近时，其运动轨迹也相互影响。这种影响在大气中依然适用。

台风就是海洋上庞大的大气涡旋，当两个台风同时出现时，会互相影响，相互牵绊着前行。藤原发现的理论恰巧可以运用在台风中。因此，这种双台风效应也被称作藤原效应。

通过实践，气象学家发现双台风效应可以千变万化：可以是其一个完全支配另一个的移动方向，或两个台风互相排开，或一个跟随一个移动，或一个吞并另一个，也可能两个台风不发生双台风效应。

互旋案例

2009年，当第8号台风“莫拉克”靠近我国台湾之时，2009年第7号热带风暴“天鹅”于8月5日6时20分在广东台山沿海登陆。登陆后的“天鹅”路径异常复杂。在“光临”了广东之后，继续向西移动，进入北部湾以后，又绕海南西部沿海盘旋几乎将近一圈，才依依不舍地减弱消失。

为何“天鹅”忽然西行？除了大气环流的引导，双台风效应也发挥了作用。这就是一种双台风典型的互旋效应。就好像两个人手拉着手，以手为圆心，逆时针转圈一样。

“莫拉克”是两个台风中位置偏东的一个，受到大气环流等大背景的影响以及“天鹅”逆时针旋转的作用力，产生向西北方向的合力，从而转向移动。同时“天鹅”这个偏西的台风，受到的引导气流则为西偏南方向转偏东方向。这样看起来，“天鹅”和“莫拉克”就有围绕中线点连线相互旋转的趋势。

吞并案例

俗话说，一山不容二虎。在一个狭小的空间里，弱的台风就有可能被强大的台风吞并。

2006年8月10日17时25分，第8号超强台风“桑美”在浙江省温州市苍南县马站镇登陆，登陆时中心附近最大风力达60米/秒，堪称登陆中国的台风之王。

在“桑美”形成时，西北太平洋洋面上还有两个热带气旋“玛利亚”和“宝霞”。因为它们互相间隔仅1 000千米左右，极有可能发生双台风效应。

通常来说，较强的台风有可能让距离较近的弱台风发生大转向且强度减弱。但当时，才出生的“桑美”所处的大气环境很好，海温与大气环流的配合恰到好处，使它茁壮成长，不受限于强大的“玛利亚”而减弱，直到后期“玛利亚”远离。逐渐强壮的“桑美”却限制了“宝霞”，“宝霞”在“桑美”的影响下转向西南偏西方向，靠近台湾地区。

不幸的是，“宝霞”受到“桑美”限制，显得“营养不良”，自身力量偏弱，在登陆后，减弱非常迅速。此时“宝霞”与“桑美”相隔不过1 000千米，“宝霞”的残余云系在“桑美”的旋转下，被卷走。两者逐步形成了一个环流，“宝霞”被“吃”掉了。

复杂案例

1991年第19号台风“纳德”是台风中的一朵奇葩。其路径飘忽不定，包括4次大转弯、两次增强，并在17天内两次登陆我国。

在西北太平洋面上生成后，“纳德”一路向西进入南海，却又突然掉头驶回太平洋，然后折返直奔台湾地区。在台湾地区南部登陆后，它继续朝着广东和福建交界处逼近，在靠近沿海时转而南下，驰骋了相当长的一段路程又沿着近乎原路的路径返回，最终登陆汕头附近，后因地形因素逐渐消散。

“纳德”复杂的路径，与双台风效应有着密切的关系。“纳德”曾先后受到两个热带气旋的影响。在生成之初，由于受到位于东边的热带风暴“路加”的强大外围环流的影响，加上太靠近陆地，“纳德”的增强十分缓慢。在“路加”远离后，由于环流形势的调整，引导气流发生变化，已经进入南海的“纳德”再次转向，进入吕宋海峡。其后，它在台湾地区南端的恒春半岛登陆，并迅速减弱。造成其减弱的主因除了台湾的高山外，还有当时位于“纳德”东南方的台风“梅莉”。“梅莉”逐渐接近，其外围环流风场不一致，使得摩擦增强。正是由于“梅莉”的牵引及高压的南下，“纳德”以90°掉头，开始了向南行进的路线。看起来这两个台风互相排斥而渐行渐远。

双台风在西北太平洋上除了上演互旋、互斥、吞并之外，还有其他竞争与合作的形式。例如，强大的一方并没有“吃掉”弱小的一方，弱小的气旋可能跟随强大台风的步伐。再比如，强大的台风“撕裂”弱小的台风，使弱台风无法维持自身的完整，被拉伸成带状。这些有趣的现象大大增加了台风路径的预报难度，使得双台风效应一直都是国内外气象工作者研究的一项重要课题。

15. 台风的能量有多大

台风是以狂风、暴雨、巨浪和风暴潮的形式，显示着自己的威力。那么，它的能量有多大呢？

台风所蕴含的巨大能量可以从它所带来的降水来说明。据研究，平均一个台风1天可在半径为665千米的范围内降水15毫米，即2.1×10^{16}立方厘米，这么多的降水所释放的潜热有5.2×10^{19}焦耳/天（6.0×10^{14}瓦特），相当于全球发电总量的200倍。一般情况下，台风的生命期平均为5~7天，西北太平洋每年发生台风的数量最少为20个，大家可以自己动手算出一个台风的总能量和每年西北太平洋上台风的总能量有多少。

台风所蕴含的巨大能量还可以从它的大风所带来的风能（动能）来说明。假定一个成熟的台风在半径为60千米的范围内风速平均为40米/秒，维持这样的大风所需的能量约为1.5×10^{12}瓦特，相当于全球发电总量的一半，也是十分惊人的。

那么，台风巨大的能量是从哪里来的呢？

台风是由于水汽凝结释放潜热发展起来的。因此，大面积温度高的热带洋面就是台风发展的重要条件之一。那海水中的热量又是从哪里来的？是吸收了太阳辐射的能量。因此，说到底，台风的能量是从热带海洋大面积“搜刮”积累而来的，最根本的来源是太阳。

16.为什么台风强度减弱了而暴雨却不减

台风登陆后深入内陆，受到地面摩擦力的影响，风速逐渐减小，强度大大削弱。但这时往往会暴雨倾注，造成山洪暴发、冲毁水库、淹没田地等严重的洪水灾害。那么为什么台风登陆后强度减弱而暴雨却不减？

我们知道，台风是围绕低气压中心猛烈旋转的热带大气涡旋，当它登陆后，受到粗糙不平的地面的影响，风力大大减小，中心气压迅速升高，强度减弱。可是在高空，大风仍然围绕着低气压中心吹刮着，来自海洋上高温高湿的空气仍然在上升和凝结，不断制造出雨滴。如果潮湿的空气遇到大山，山的迎风坡还会迫使它加速上升和凝结，这样那里的暴雨就更凶猛了。

有时还会有这样的情况发生，即台风登陆以后，已疲惫不堪，风力减小，中心移动缓慢甚至总是在一个地方停滞徘徊。这样，暴雨一连几天几夜倾泻在同一个地区，造成的灾情就更严重了。1975年8月河南省的特大暴雨，就是台风登陆后的低压中心一连几天在那儿停滞造成的。

17. 台风的一些奇闻趣事

台风的“休眠期”

自然界中的许多生物都存在着“休眠”的特殊表现，以度过环境条件不利于自身的时期，如熊的冬眠。当外部环境不利于台风的发生和发展时，台风的数量也会大大减少，就如同生物的休眠。一般来说，台风数量的减少一是与温暖海水的季节变化有关，二是与赤道辐合带的位置有关，三是与生成台风的“种子”数量减少有关。北半球的冬季和春季，暖海水的主体位置偏南，因此北半球的台风数量非常少。当赤道辐合带的位置离赤道很近时，地球旋转对台风发展的作用减小，因此台风的数量也会减少。当赤道辐合带中的气旋很少时，台风也就不容易发展起来了。

“袖珍型”台风

发生在热带洋面上的台风一般都具有大于1 000千米的范围。如果台风的风力达到了台风的标准，但水平范围却只有几百千米，则相对来讲，这样的台风就是袖珍型的台风了，它们也被称为“豆台风”。此种袖珍型的台风多数发生在我国的南海，它们的水平范围只有200~300千米。由于袖珍型台风的生成源地离陆地很近，范围又小，在天气地图上难以被及时察觉到，因此，这类袖珍型台风的预报要比一般台风的预报难度大得多。

台风的“群集性”

在台风季节常常可以观测到这样的现象：有的时期台风生成的数量非常少，但有的时候却接连不断地有台风生成，有时甚至出现几个台风并存的景象。科学家把这个现象称为台风的“群集性”。

为什么台风不能相对均匀的生成，而喜欢扎堆凑热闹呢？原来，台风的这种现象与赤道辐合带中的台风“种子”有关。当赤道辐合带中的气旋性涡旋增多时，生成的台风数量就多；当涡旋减少时，台风的数量就少，甚至没有。

18.西北太平洋热带气旋气候概况

西北太平洋海域上空形成的热带气旋比世界上其他任何地方都多，年均约35个。而这些热带气旋中约有80%会发展成台风。平均每年约有26个热带气旋达到至少热带风暴的强度，约占全球热带风暴总数的31%。

西北太平洋海域也是全年各月都有台风发生的唯一地区。从5月至12月，每月的台风数平均在一个以上。台风出现的盛期为7月至10月，约占全年台风总数的70%，其中又以8月与9月最多，约占全年台风总数的40%。

91%的西北太平洋热带气旋发源于5° N至22° N之间，即：南海到我国台湾省—菲律宾以东的海面上，包括马里亚纳、加罗林及马绍尔群岛所在海域。

在冬季和春季（11~12月，1~5月），热带气旋主要是在130° E以东的海上转向北上，以及在16° N以南往西行进入南海中南部，或在越南南方登陆。在过渡季节的6月和10月，除了在125° E以东的海上转向北上的热带气旋外，西行进入南海的热带气旋路径要比冬、春季节偏北得多，主要是在15° ~20° N之间。到了7~9月台风季节，主要的台风移动路径呈现往北、往西偏移的趋势，且初夏台风一般向西移动穿过菲律宾，但在夏末和秋季台风就常转向西北，最后转向北或东北。

西北太平洋区域台风转向点的平均纬度在24° N附近。此外，西北太平洋约有29%的台风会出现异常路径，与北大西洋的异常台风相比，打转台风出现的纬度较低，慢速移动台风次数较少，较低纬度快速移动的台风次数也较少。

多数情况下，西北太平洋台风的八级以上大风所覆盖的半径仅有100千米左右，台风中心气压非常低，有时中心气压值低于920百帕。

19.我国的台风概况

西北太平洋是全球发生热带气旋最多的地方，我国就位于西北太平洋沿岸，是受台风影响最严重的国家之一。有近50%的西北太平洋热带气旋影响我国。我国台风的由来主要与产生在我国东南方的菲律宾群岛以东到琉球群岛附近的洋面和南海中北部海域的热带气旋有关。

据资料统计，每年平均有20个热带气旋进入我国海岸线300千米的沿海海域，其中南海最多，平均有12个。在我国登陆的风力不小于8级的热带气旋每年平均有8个，主要集中在广东和南海，其次是福建、浙江和台湾省，上海和长江以北沿海省份极少。

热带气旋在我国的登陆时间主要集中在5~12月份，其中7~9月份最多。历史上我国年登陆最多的热带气旋是12个（1971年），最少是3个（分别出现在1950年、1951年和1998年）。

台风是影响我国的主要灾害性天气系统之一。我国北起辽宁，南至两广的沿海一带，每年都有可能遭受热带气旋的袭击，其中又以登陆广东、福建和台湾三省的热带气旋次数为最多，给人民生命与财产造成了巨大损失。

20.台风灾害表现在哪些方面

台风是世界上最严重的自然灾害之一。它的破坏力非常强大：当台风在海上行进的时候，会掀起滔天巨浪，并伴随着狂风暴雨，对航行的船只造成极大的威胁；当台风登陆时，暴雨能引起山洪暴发，狂风会对陆地上的一切造成巨大的破坏，特别是对农业、建筑物的危害最大。

具体来说，台风带来的灾害主要表现在强风灾、大暴雨与风暴潮三个方面。

强风灾

台风中心由于气压很低，气压梯度非常大，因而能形成很强的大风。台风中心附近的风速常达到40~60米/秒，有的可达100米/秒。据测，当风力达到12级时，垂直于风向平面上每平方米的风压可达230千克。

大风在海面上形成了滔天巨浪，航行的船只如果无法及时躲避，就会面临灭顶之灾。大风及其引起的海浪可以把万吨巨轮抛向半空拦腰折断，也可把巨轮推入内陆。大风足以损坏以至摧毁陆地上的建筑、桥梁、车辆等。特别是建筑物未被加固的地区，造成的破坏会更大。大风亦可以把地面杂物抛到半空，使户外环境变得非常危险。

1954年9月，在菲律宾吕宋岛东方的海面，向西北行驶的“玛瑞”号台风突然转向日本而去。停泊在日本函馆港的一艘重4 334吨的渡轮，被强风吹到港外约300米处触礁沉没，船上1 254名旅客遇难；港内另有4艘货船也相继沉没，造成186人死亡，如果再算上北海道的损失，在这次台风中，共有1 761人死亡或失踪，全毁和半毁的房屋达3万栋以上。

1973年9月14日凌晨，14号台风登陆海南岛琼海，强风摧毁了所有的测风仪器，以致没有取得实测的风速记录。当时刮走的瓦片嵌入椰子树干内有6~7厘米深，直径90厘米的钢筋水泥柱子被“削”成了两段。

1988年，7号台风在西太平洋生成后，迅速向偏北方向移动，直扑我国东南沿海，于8月7日15时在浙江象山登陆，登陆时最大风速达126千米/小时。8月8日，台风袭击了杭州市，使素有“人间天堂”之称的杭州市遭到新中国成立以来最严重的浩劫：数以万计的树木被刮倒；电信、输电线路全部被破坏；全市停水、停电时间长达5天；铁路、公路和市内公共交通完全中断；机场航班全部停航；整个城市几乎陷入瘫痪——由此足见台风的破坏力之大。

大暴雨

台风是非常强的降雨系统。由强对流发展释放的潜热，是台风发展和维持的重要条件，因此，强烈的对流性、阵性降水是台风过程中必然会出现的现象。在台风经过地区，降雨中心一天之中可降下100~300毫米的大暴雨，有时甚至可达500~800毫米，更有少数台风能产生1000毫米以上的特大暴雨。

1909年11月，中美洲牙买加一次飓风过境，4天总降水量达2 451.1毫米。1952年3月15日~16日，南印度洋上的一个台风，在留尼汪岛上1天的降雨量高达1 869.9毫米。袭击我国的台风中，以1967年10月17日在台湾省新寮日降雨量最大为1 672毫米，其次是1963年9月11日在台湾省北部山区百新的日降雨量为1 247毫米。

如此大的降水量往往会引起山洪暴发或使大型水库垮坝，造成特大洪涝灾害。台风暴雨造成的洪涝灾害，洪水出现频率高，波及范围广，来势凶猛，破坏性极大，从而造成惨重的人员伤亡和财产损失，是最具危险性的灾害。

1975年第3号台风在淮河上游产生的特大暴雨，成为了中国内地暴雨的极值，形成了河南“7508”大洪水。

2004年，7号台风“蒲公英”带来的持续暴雨，致使台湾省中南部地区多处发生泥石流和山洪灾害，共造成21人死亡、9人失踪，农业灾害总损失超过23亿元新台币。洪灾造成了中南部地区21万户居民停电，公路塌方94处，铁路部分路段因路基受损停运一周。大甲溪的洪灾重创了6座电厂，其中青山电厂惨遭淹没，德基电厂进水。此次台风给台湾省造成的经济损失超过百亿元新台币。

风暴潮

风暴潮也称为气象海啸或风暴海啸，是由于台风和伴随的大风或强低气压引起气压剧变，从而导致海平面异常显著的升降现象。

由于台风中心气压极低，对海水的吸吮作用使海面升高，当台风中心气压低于正常气压100百帕时，海面就会上升1米。台风中心引起海洋上汹涌的波浪有时纵深达200千米，巨浪会以50千米/小时以上的速度快速向前推进。当风暴潮接近海岸时，由于海底的摩擦作用，波速变慢，波浪变陡，波高不断增大，水浪排山倒海般地向海岸压去。强台风的风暴潮能使沿海水位上升5~6米。如果风暴潮与天文大潮相遇，则能产生高频率的潮位，导致潮水漫溢，海堤溃决，冲毁房屋和各类建筑物，淹没城镇和农田，造成大量人员伤亡和财产损失。

我国历史上因台风风暴潮引起的灾害很多，最严重的一次当属1696年发生在上海的一次特大风暴潮。

据《松郡志》记载："康熙三十五年六月初一日，大风暴雨如注，时方状亢旱，顷刻沟渠皆溢，欢呼载道。二更余，呼海啸，飓风皆大作，潮挟风威，声势汹涌，冲入沿海一带地方几百里。宝山纵亘六里，横亘十八里，水面高于城丈许；嘉定、崇明及吴淞、川沙、柘林八、九团等处，漂没千丈，灶户一万八千户，淹死者共十万余人。黑夜惊涛猝至，居人不复相顾，奔窜无路，至天明水退，而积尸如山，惨不忍言。"

1949年新中国成立后，我国几乎每年都会发生台风风暴潮，严重的潮灾平均每2~3年发生一次。死亡人数最多的是1956年8月2日，发生在浙江省象山县的5612号特大台风风暴潮。在强风暴潮的袭击下，沿海海塘溃决，海水涌入内陆，纵深10千米，淹没农田41万亩，冲毁房屋7万多间，死亡4 629人。

随着沿海经济的迅速发展，台风风暴潮灾害造成的损失也日趋严重，由20世纪50年代的几亿元左右发展到80年代的平均每年几十亿元。而进入90年代之后，平均每年的直接经济损失超过100亿元，台风引起的风暴潮已成为制约我国沿海经济可持续发展的一个比较重要的因素。

21. 台风造成的间接灾害有哪些

许多自然灾害，特别是像台风这样等级高、强度大的自然灾害发生以后，破坏了人类的生存环境，常常诱发出一连串的其他灾害。这些次生灾害和衍生灾害常常容易被人们忽视，从而造成重大人员伤亡和财产损失。

台风的次生灾害包括暴雨引起的山体滑坡、泥石流等。另外，房屋、桥梁、山体等在台风中受到洪水长时间冲刷、浸泡，即便当时没有发生坍塌，待台风、洪水退去后，由于上述原因容易坍塌。

我国是遭受台风引发的地质灾害较严重的国家，台风暴雨引发的滑坡、泥石流等地质灾害十分频繁，最易造成人员伤亡。例如2004年的台风“云娜”重创浙江时造成乐清市发生重大泥石流地质灾害，2005年台风“龙王”所带来的暴雨引发了山洪灾害，2009年台风“莫拉克”影响台湾岛时造成的泥石流淹没了整个村子。在一些大中城市，台风造成的暴雨和海水倒灌很可能会造成城市内涝等次生灾害，引发交通瘫痪、地铁停运等，影响城市的正常运行甚至造成人员伤亡。

台风还可能破坏道路、输电设施等，阻碍救援工作的进行；台风还可能造成生态破坏，如台风引起的风暴潮会将大量裹着盐分的水带到陆地，造成海岸侵蚀，海水倒灌造成土地盐渍化等灾害，泥石流会破坏森林植被；台风引发的洪水过后常常容易出现疫情等；台风破坏农林牧副渔业，可引起食物短缺；有时候台风甚至会造成农作物的病虫害，2005年在遭受“麦莎”和“卡奴”台风影响后，台风外围的西北气流和降水有利于稻褐飞虱大量回迁入上海地区，曾造成上海田间的褐飞虱虫量猛增。

22.台风灾害有哪些特征

台风灾害具有明显的季节性、地域性、年际变化性和随机性的特点。

季节性

台风在海上的生成和活动具有明显的季节性。例如，夏季是我国台风灾害的多发季节。尤其是7~9月，登陆我国的台风数量占全年登陆总数的76%，所以7~9月份被称为台风季节。

地域性

台风灾害具有明显的地域性。例如，我国东南沿海南北海岸线长达数千米，每年都会遭到台风侵袭。但是，这些沿海地区受台风的影响差别很大，通常情况下，南部地区的台风灾害要比北部地区的严重得多。其中，受台风灾害最严重的地区是广东省，其次是海南省，第三是台湾省，第四是福建省。这四个省份每年遭受台风的次数占全国总数的84%。

又如，美国受飓风袭击的地域特征也非常明显。美国地处北美洲中部广阔的平原，形成于大西洋上的飓风可从中部平原一路北上，造成灾害。佛罗里达州位于大西洋，是飓风侵入美国的必经之地，这里每年经历的飓风次数最多，遭受的损失也最为惨重。在2004年8月至2005年9月的13个月中，佛罗里达共遭受了7次飓风的袭击，人员伤亡惨重，经济损失巨大。

年际变化性

台风灾害具有年际变化的特点，有的年份台风灾害比较严重，有的年份灾害程度要轻一些。据统计，西北太平洋上的台风，年平均为27.4次，但年际变化较大，如1964年为43次，1969年仅为18次。

随机性

同许多自然灾害一样，台风具有随机性的特征。例如，西北太平洋是台风活动最频繁、次数最多的大洋，但是在1995~2005年，其活动次数显著减少，1998年只有21次台风（含热带风暴），是10多年来最少的一次。据资料显示，在南北纬5°以内的赤道附近海域没有台风生成，而1970年的14号台风，在北纬4.2°附近生成，打破了台风发生纬度的历史记录。

23.台风会给人类带来哪些益处

人类在进化过程中，始终都伴随着台风。1万年前，地球结束了第四纪冰川时期，进入较为温暖的气候期。在此前后，地球上开始出现早期的人类文明，如我国文明、印度文明和墨西哥文明。科学家发现，这3个主要文明发祥地附近海面上出现的台风，占全球台风总数的73%。这不是一种巧合。事实上，正是台风给这些地区带来丰富的降水，才使得这些地区气候适宜、土地肥沃、水草丰盛，为物种和人类的进化提供了优越的自然条件。

尽管台风让人类蒙受了巨大的损失，但它所带来的益处同样不可忽视。台风对人类的贡献主要体现在以下几个方面。

带来大量的淡水

万物生长靠太阳。其实，太阳的能量只有极小部分被陆地吸收，大部分被占地球表面70%的海洋所吸收和贮藏。海洋成为全球大气运动的热量和水汽的主要来源地。每年从地球大洋表面蒸发的水汽有455万亿吨，其中90%的水汽又以雨水的形式直接返回海洋中，只有10%的水汽随气流进入大陆。这些水汽所形成的降水，远远不能满足人类生产的需要。随着全球人口的激增和工农业的发展，对淡水的需求量日益增多，加上陆地上有限的淡水资源分布不均匀，世界性水荒已日趋严重。台风则年复一年地把几十亿吨的淡水送到陆地上。

台风给中国沿海、日本海沿岸、印度、东南亚和美国东南部带来大量的雨水，约占这些地区总降水量的1／4以上，对改善这些地区的淡水供应和生态环境都有十分重要的意义。

正是台风携来的暴雨，使长江下游、珠江三角洲、恒河平原、尼罗河平原等地区成为了“地球的粮仓”。

缓解旱情和酷暑

在热带许多干旱地区，每年有很大一部分的降雨也来自台风。例如，穿过西澳大利亚海岸的台风中，90%都对畜牧业有益。又如，1984年，两个飓风袭击了墨西哥湾，对沿岸的几个地区产生了巨大的破坏。然而，充沛的降水蓄满了水库，拯救了庄稼，飓风带来的农业经济收益大于沿海地区遭受的损失。

台风带来的充沛降水在缓解旱情的同时，也能缓解当地的高温酷暑。例如，2003年7月，正是台风“伊布都”结束了江南大部分地区持续40摄氏度左右的高温天气。再如2004年江南地区的持续高温也正是由台风“云娜”终结的。

增加捕鱼产量

台风过后海面温度明显下降，其原因是台风中心的低气压、近海面的巨大风力和强烈的气流旋转及辐合等作用，迫使海浪剧烈运动、海水上翻。而伴随海水上翻的是大量海洋深层的浮游生物，为鱼类提供了大量的饵料，有利于其生长和增加渔产。同时，台风逼近时鱼类为免受海浪翻滚的威胁，会成群结队地从海区游向相对平静的深海区，使大量鱼群得以生存。

保持地球热平衡

台风发展和维持的主要能量来源是水汽凝结释放出的潜热，其水汽主要来自低纬度的热带洋面。随着台风从热带向中高纬度地区的移动，由其携带的大量热量和水汽即从热带输送至中高纬度地区。因此，台风使全球各地的冷热保持相对均衡的调节作用。

台风最大时速达200千米左右，其能量相当于400枚2 000吨级的氢弹爆炸时所释放出的能量，地球凭借这些能量保持热平衡。靠近赤道的热带、亚热带地区受日照时间最长，气候炎热，如果没有台风来驱散这些地区的热量，那里将会更热，地表沙荒将更加严重。同时寒带将会更冷，温带将会消失。中国将没有昆明这样的春城，也没有四季常青的广州，内蒙古草原亦将不复存在。特别是在全球气候变暖的背景下，台风的这种从热带向中高纬度地区高效率地输送热量和水汽的贡献显得更为重要。

宝贵的电力资源

除了以上的好处以外，如果将台风善加利用，还能带来巨大的经济效益。比如，利用台风可以发电。

进入江河和水库的台风降雨可以直接用于水力发电，从而缓解电力供应的紧张。1995年夏，广东省水利厅根据准确的天气预报，下令在9505号台风来袭之前，全省大、中型水

库放水发电，过后让台风再把水库灌满。结果这个9505号台风使广东多发电800万度（千瓦·时）。因此台风又成了盛夏宝贵的水电资源。

不仅如此，登陆后的台风大风还是潜在的风电资源。研究表明，我国沿海及其岛屿地区每年当台风登陆后即可出现1次大风过程，其影响半径为400~500千米，而且只要不是在台风正面登陆的地区，风速一般小于26米/秒，在风力发电的适合风速之内，因此是一次发电的好机会。

24.全球变暖对台风活动有影响吗

2005年夏秋季，大西洋西部、西北太平洋发生的一系列严重飓风、台风灾害至今令人记忆犹新，特别是2005年8月29日的“卡特里娜”飓风给美国造成了超过1 000多亿美元的重大损失震惊了全球。人们在反思台风灾害时一直在问，是什么原因让台风变得越来越“猖獗”？而全世界科学家的目光都不约而同地锁定在全球变暖这一问题上。

人类活动排放的温室气体导致越来越严重的全球气候变化。有科学家认为，全球变暖可以显著加强台风活动，并已经导致了更强烈的台风活动。他们的主要依据是：全球热带气旋在过去的30年总体有显著增强的趋势，而且这种趋势与热带气旋的发生发展区域的海温升高趋势相吻合；全球热带海温升高似乎是唯一能解释全球强热带气旋过去30年在不同海域显著增加的因素；全球热带海温升高可以从理论上说明强热带气旋增加的物理机制；动力模型显示，在全球气候变暖的背景下，强热带气旋的发生频率有增加的趋势。

2005年发表在美国《自然》和《科学》期刊上的文章，肯定了全球变暖促使台风频发的结论。美国佐治亚理工学院的气象学家彼得·韦伯斯特和同事在《科学》上撰文表示，根据过去35年的数据调查：强度超过4级（相当于强台风）以上的热带气旋，数目有明显增加，在20世纪80年代中期后，数目大约攀升了57%；麻省理工学院的克里·伊曼努尔在《自然》上也发表论文认为，由于热带气旋需要温暖的海面来提供能量，全球变暖自然脱不了干系。

但也有一部分科学家认为，全球变暖对热带气旋的影响并没有那么明显，至少到目前为止尚无充分的证据表明全球变暖会造成更多的强热带气旋。他们的主要依据是：30年的资料太少，无法说明长期的热带气旋变化趋势。因此，全球变暖对台风活动的影响尚有许多科学问题有待研究和阐明。

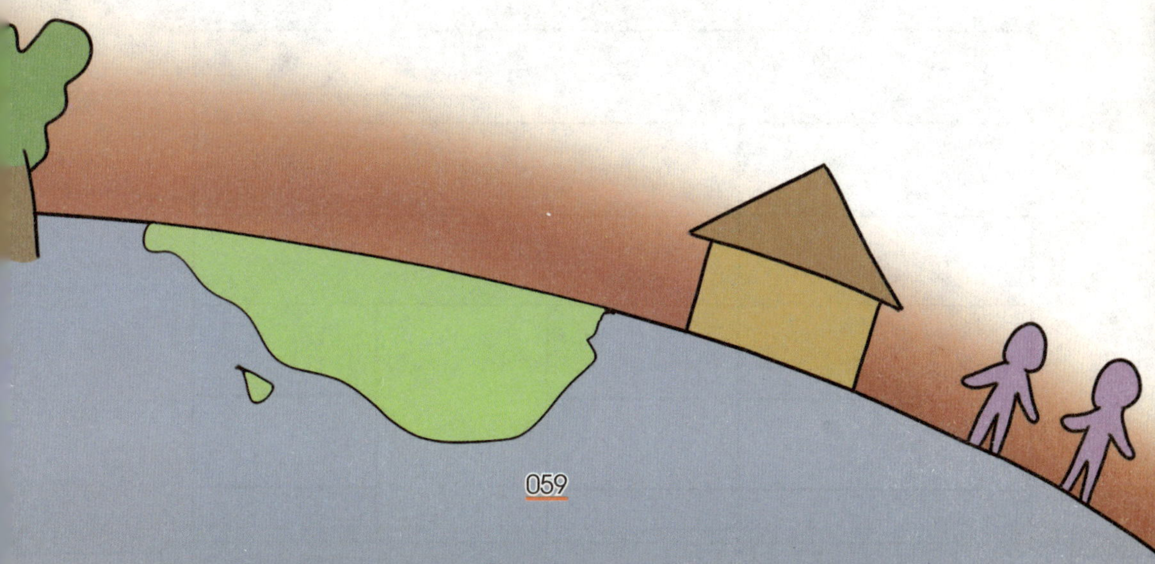

25.全球变暖背景下我国台风的变化特征

根据政府间气候变化专门委员会（IPCC）第一工作组第四次评估报告指出，自1970年以来，热带海表面温度升高，全球呈现出热带气旋强度增大的趋势。同时大量的气候模式模拟结果也表明，随着热带海表面温度的进一步升高，未来热带气旋可能会变得更强，风速更大、降水更强。

那么在全球变暖的背景下，登陆我国的台风有什么变化？上海市气象局利用目前国际最新研究成果，应用中国气象局《台风年鉴》等权威资料数据，针对变化情况进行了深入研究。通过对自1949年来登陆我国台风的数量、时间、强度及登陆路径等的分析表明，近半个多世纪以来，在我国登陆的台风主要表现出以下特征。

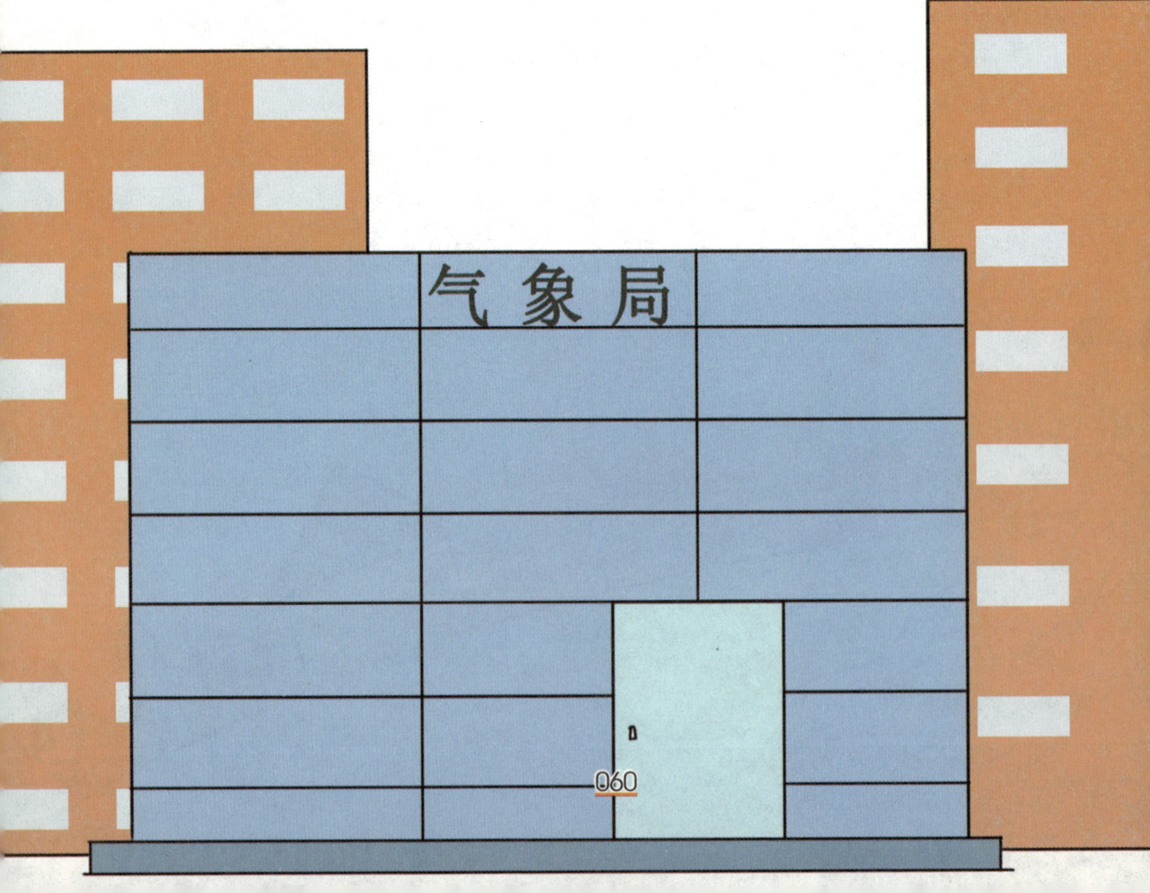

登陆台风的数量没有明显的变化趋势

1949~2006年期间，共有522个热带气旋登陆我国，年均9个，登陆频次略有减少趋势。但达到台风级别的并没有明显的增多或者减少的变化趋势，登陆我国的热带气旋和台风数量仅表现出明显的年际变化和年代际变化，可分成3个偏少阶段和两个偏多阶段。偏少阶段分别是1949~1955年，1968~1983年和1995~2006年；偏多阶段为1958~1967年和1984~1995年。

台风登陆地点趋于集中

1949~1981年，登陆和影响我国的热带气旋主要集中在华南沿海和海南岛地区；而1982年至今仍主要集中在华东沿海及台湾岛地区，在北纬37度以北和20度以南均有减少趋

势。总体来看，近五十多年来，我国热带气旋的最北登陆位置呈现为较明显的逐年南落，并向北纬25度靠近；而最南登陆位置则与之相反，呈逐年北上且也向北纬25度靠近的趋势。台风登陆区域更为集中，北纬25度附近的东南沿海成为台风登陆的主要区域。因此，这一区域遭受登陆台风袭击的危险明显增大。

台风登陆时段趋于集中

我国热带气旋登陆季节的持续时间平均约为4个月，最短不到1个月，最长可达半年。统计表明，近50多年来，我国热带气旋登陆季节的持续时间缩短了近1个月，台风的登陆时段趋于集中。

登陆台风强度逐年增强

根据对1949年以来的台风资料分析，以热带气旋的中心气压表示其强度，结果显示我国的热带气旋在登陆时的强度有逐年增加的趋势，并且在登陆台风中强度较强的热带气旋所占比重也呈逐年增加的趋势。

第二章

典型台风案例追溯

威胁人类生存的10大自然灾害有台风、地震、洪水、雷暴、龙卷风、雪暴、雪崩、火山爆发、热浪、泥石流和海啸。在10大类自然灾害中，台风造成的死亡人数是最多的，尤其是在中国和亚洲其他国家。

我国是世界上受台风危害最严重的国家之一。每年的盛夏和初秋，中国东南沿海一带经常遭受台风的侵袭。其中造成灾害的台风每年近20次，相当于美国的4倍。在西北太平洋地区，台风在我国的登录频次最高，所带来的经济损失最为严重。1991~2002年，共有84个台风登陆我国大陆，造成经济损失约为3 440亿元人民币，平均每个台风造成的经济损失约41亿元人民币。

据统计，强热带风暴每年在全世界造成的损失高达60亿~70亿美元，它所引发的风暴潮、暴雨、洪水和暴风所造成的生命损失占所有自然灾害的60%。

在这一章，让我们一起回顾一下较为典型的台风，进一步认识台风的巨大破坏力。

1.亚洲台风多发的2001年

2001年是台风的多发年。下面我们看一下都有哪些地区遭到了台风灾害。

2001年6月下旬，台风“榴梿”袭击了我国台湾省及内地。它从菲律宾出发，越过中国台湾，在7月1日到达广东省。风速达到每小时167千米，带来了305毫米的降水。据报道，此次台风在中国没有造成人员死亡，但是，中国政府估计，重建家园至少需要4 460万美元的资金。

2001年7月上旬，台风“犹托”在菲律宾登陆，造成121人死亡、40人下落不明。紧接着，台风“犹托”与中国台湾南部擦肩而过，其引发的山崩和洪水使部分公路受阻，1人被洪水冲进河里淹死。最后，它从台湾进入广东省南部，直至在那里消失。

2001年7月的最后一个星期，台风“玉兔”袭击了中国广东，风速达到每小时151千米。台风摧毁了茂名附近的2 340座房屋，还有数千座房屋受损，以及大量的农作物受灾。此次台风造成的经济损失达760万美元。

2001年7月30日早晨，台风“托拉吉”抵达中国台湾。据一位幸存者描述，洪水冲进他家的客厅，家里有10人被洪水冲走。台风过后，他拼命地在泥巴和残骸中搜索家人的踪迹，但一无所获。至台风“托拉吉”离开台湾时，至少造成100人死亡，许多人下落不明。次日清晨，台风“托拉吉”到达中国福建省，但此时已减弱，没有造成严重的破坏和人员伤亡。

2001年9月，台风“达那斯”袭击了日本，带来了倾盆大雨，引发东京北部泥石流，造成4人死亡。除此之外，东京的交通受阻，运输业瘫痪，丰田汽车公司不得不关闭其12个工厂。

2001年9月16~17日，台风“那丽”在中国台湾台北倾泻了813毫米的降水，淹没了城市排水系统，街道积水最高达到汽车车顶高度，部分地铁遭到洪水冲击。此次台风总计造成90人死亡，部分桥梁和铁路被毁，许多居民的房屋被洪水淹没。

2001年9月24日，台风“利奇马”在中国台湾北部地区降了大约508毫米的降水。

2001年11月上旬，热带风暴“玲玲”袭击了菲律宾岛屿，造成大约300人死亡。在菲律宾首都马尼拉东南部的甘米银岛，连续下了4个小时的暴雨，洪水冲垮了房屋，把火山喷发时形成的巨砾冲进了村庄。

2.发生在东亚的台风案例

1959年，8号台风（日本称“伊湾”台风）登陆日本，当时风力达65米／秒，横扫整个日本，成为给该国造成最大损失的台风。在所有受灾城市中，名古屋的灾情最为严重，几乎成了一片废墟。8号台风挟带着狂风和浪潮将一艘重7 000吨的货轮推上了海岸，并且摧毁了近6 000栋房屋。这次台风造成4 464人死亡，2 000人失踪，32 285人受伤，约40万人无家可归。

2002年9月，台风“鹿莎”席卷韩国，造成200多人死亡或失踪，经济财产损失达17.5亿美元。台风过后，韩国的铁路运输大动脉京釜铁路，由于铁路桥的桥墩被洪水冲走而坍塌，近一半的路段不能正常运行；岭东线、旌善线也各有部分路段的桥墩被毁。据统计，受山体滑坡和洪水影响，全国有27处铁路被泥沙掩埋或被洪水淹没，高速公路网有27处发生中断，国道有84处中断。

2003年，14号台风“鸣蝉”从9月6日生成于关岛西北约400千米的太平洋面上，接着，在向西北方向移动的过程中强度不断增大。9月12日下午到达朝鲜半岛，当时台风的最大风力达到60米/秒，横扫了朝鲜半岛东部和南部的部分地区。台风所到之处风雨成灾，造成大量山体滑坡、房屋倒塌、道路被毁和船只沉没等。专业部门对某些地区发布了洪水警报，约2 000人被迫疏散。台风迫使4座发电厂停止运转，致使140万户家庭断电。

2004年10月9日，代号为“马鞍”的台风袭击了日本关东地区。“马鞍”中心附近最大风力达到了44米／秒，是近10年内袭击日本东海岸的最强烈的台风。台风经过的地区出现了暴雨和山体滑坡，造成数人死亡，交通深受影响，灾情最严重的是东京和本州中部的静冈和爱知，街道变成了河流，一些树木被连根拔起。

2004年10月20日，日本中西部地区遭受了23号台风“蝎虎”的袭击。这次台风共造成77人死亡，28人失踪，297人受伤；还造成了35栋住宅全部被毁，78栋住宅不同程度受损，283处山体或悬崖坍塌，8 000多栋建筑物进水。同时，这次台风还造成了一些国家文化遗产的损坏，其中包括京都最古老的寺院——清水寺。

3.发生在南亚的台风案例

1876年10月，发生在孟加拉湾的热带风暴，击沉了所有经过海面的船只，又毁坏了吉大港这座城市，巨大的海浪直达远离海岸1万米的地方，使10万人死于这场灾难。

1970年11月12日，一个诞生于印度洋上的热带风暴，给孟加拉国带来了一次猛烈的袭击，这次风暴使30万人丧生，100万人无家可归，28万头牲畜淹死。这是20世纪最惨痛的自然灾害之一。

1991年4月29日，一个强烈的孟加拉湾热带风暴，以66.7米/秒的速度席卷了孟加拉湾沿海及其所有岛屿。热带风暴来势凶猛，警报还没有发出之前，就已造成13.1万人死亡。热带风暴引发了孟加拉湾北部的海啸，掀起的巨浪高达6~9米。

1994年5月2日，以每小时90千米的风速向北行进的热带风暴越过孟加拉国恒河口，造成200多人死亡。在热带风暴到达前，当地政府提前发出了台风警报，并且积极组织群众撤离，否则，造成的死亡人数也许会更多。

1999年10月29日，一个热带风暴袭击了印度的奥里萨邦，以83.3米/秒的风速横扫内陆，引发了7米高的风暴潮，使20千米范围内的一切荡然无存，4万人丧生。

2005年9月，一个热带风暴袭击了印度和孟加拉国。风暴引发的暴雨在印度南部沿海的安德拉邦引发洪水，导致10万人无家可归。

4.发生在我国的台风案例

我国地处太平洋西岸，是世界上少数几个遭受台风影响最多、最广，受灾最严重的国家之一。台风对我国的影响范围北起辽宁，南至广东、广西和海南的广大沿海地区。据统计，我国平均每年因台风灾害造成的损失达30多亿元。

特大暴雨的元凶

1975年8月1日，3号台风给我国台湾阿里山带去的24小时降雨量达到1 748.5毫米，超过了我国历史上24小时的最大降雨量。其后深入内陆，给所经之地造成各种灾害。

受3号台风影响，8月4日，河南省南部一带发生罕见特大暴雨。据统计，在这场特大暴雨中，河南省驻马店地区板桥、石漫滩两座大型水库，竹沟、田岗两座中型水库，58座小型水库，在短短数小时内相继垮坝溃决。河南省有30个县市、1 780万亩农田被淹，1 015万人受灾，超过2.6万人遇难，房屋倒塌524万间，冲走耕畜30万头。境内纵贯中国南北的京广线被冲毁102千米，中断行车16天，影响运输46天，直接经济损失达近百亿元。

1986年16号台风

1986年8月16日，16号台风在菲律宾吕宋岛生成后，先向南移而后又折向西北，途中于19日成为强台风，之后沿广东近海转向东北，穿过台湾岛后又在宫古岛附近突然南移，并折向西南，之后在南海东北部和巴士海峡海域内回旋打转，延续了20天，强度时而加强成强台风，时而又减弱成热带低压，后又再度加强成强台风，最后西行，穿过琼州海峡，经过北部湾，于9月6日到达越南，前后共历时22天。

该台风曾三次登陆我国，第一次是于8月22日8时登陆台湾彰化、嘉义，第二次和第三次分别在9月5日10时与12时，一前一后在海南文昌和广东徐闻登陆。三次登陆时，台风中心最大风速均达38米/秒（12级）以上。

此台风路径的曲折，强度的反复变化都是多年内罕见的。由于它长时间回旋在我国南海东北部和巴士海峡海域，而且登陆时强度又很强，造成了广东、台湾两省长时间大暴雨、大风和风暴潮，影响十分严重。

据广东防灾部门统计，雷州半岛东岸的海堤几乎被毁坏殆尽，冲垮了830条总长209千米的海堤，受灾虾塘达90处、面积1 000平方千米，沉损船只1 000余艘，失踪124艘，倒塌房屋24万间，死亡20人，受伤363人。此次台风所造成的总经济损失达4.7亿元，其中仅湛江市经济损失就达2.6亿元。

2004年14号台风“云娜”

2004年8月12日20时，14号台风“云娜”在浙江省温岭市石塘镇登陆，登陆时中心附近最大风力达12级，风速45米/秒，是1997年以来登陆我国最强的台风之一，随后在浙江台州、温州、丽水和衢州一路肆虐，时间长达13小时，给浙江省造成了惨重的人员和财产损失。

12日，浙江省中南部沿海海面和浙江北沿海海面分别出现了12级以上和9~11级大风，东部沿海地区出现了9~12级大风，其中台州沿海地区的大风达12级以上。风力最大的大陈岛一带风速达58.7米/秒，创历史最高纪录。

从11日8时到12日20时，浙江省有10站降雨量超过200毫米，其中温岭市坞根到21时降雨量达到303毫米。

台风造成水利、交通、电力、电信等基础设施受到不同程度的毁坏，台州市区全部停电。164人不幸遇难，24人失踪，受灾人口达1 299万人，直接经济损失达181.28亿元。遇难的164人中，因房屋倒塌遇难的人数为109人，因山洪暴发、泥石流遇难的有28人，被风刮倒遇难的有9人，因洪

水而遇难的有12人，因电杆吹倒或触电遇难的有5人，因其他原因遇难的1人。在此次台风中，浙江全省共有75个县（市、区）、765个乡（镇）受灾，转移群众46.79万人，组织了9 900余艘出海船只回港避风，稍稍减轻了台风造成的损失。

由于“云娜”造成了巨大的灾难，2004年11月，在我国上海召开的台风委员会第37届会议决定，将“云娜”作为永久命名，并从台风命名表中删除。

2005年9号台风“麦莎”

2005年8月6日凌晨3时40分，9号台风“麦莎”在浙江省台州市玉环县千江镇登陆，中心最大气压达950百帕，登陆时台风中心附近最大风力达12级以上（45米／秒）。

由于“麦莎”台风强度强，影响范围广，降雨强度大，又恰逢天文大潮期，因此给浙江省造成了严重的损失。

温州、台州、宁波、舟山、丽水、嘉兴损毁房屋达13 108间；因灾死亡2人，失踪2人。农作物受灾约200万公顷，减收粮食24.1万吨；水产养殖损失面积约有47万公顷，

水产养殖产品损失27.7万吨；工矿企业停产63 470家，公路中断178条，毁坏公路路基（面）266.1千米，损坏输电线路558.9千米，损坏通信线路465.3千米；损坏水闸111座，冲毁塘坝72座，损坏灌溉设施1 176处，损坏机电井36眼，损坏水文测站24座，损坏机电泵站201座，损坏小水电站64座。

据统计，此次台风共造成直接经济损失65.6亿元，其中水力设施直接经济损失4.8亿元，工业直接经济损失15.8亿元，农业直接经济损失27.5亿元。

“麦莎”在浙江肆虐后，减弱为热带风暴，于6日22时进入安徽境内。受其影响，安徽省部分地区发生不同程度的风灾和洪涝灾害。受灾人数为76万人，1人死亡，全省紧急转移8 672人；农作物受灾75万亩；直接经济损失达3.73亿元。

16个小时后，“麦莎”进入江苏境内，苏州、无锡、南通、常州、南京、镇江、扬州、泰州等地发生了强风暴雨天气，部分地区风力达12级。

江苏省受灾人口为543万人，成灾人口233万人；因灾紧急转移安置人口18.8万人；倒塌房屋9 351间，其中倒塌民房3 165间，损坏房屋23 743间；农作物受灾面积39万公顷，成灾面积22万公顷，绝收面积8 462公顷；灾害造成的直接经济损失达12亿元。

“麦莎”从江苏移出后，一路北上，影响了山东、河北、天津、北京等地区，最后逐渐减弱消失。此次台风强度之大，影响地区之多，造成损失之重，为影响我国的台风中所罕见。

2006年8号台风“桑美”

2006年8月5日20时，8号台风“桑美”在西北太平洋洋面生成，7日8时转变为强热带风暴，7日14时发展为台风，9日11时发展为强台风，9日18时发展为超强台风，中心附近风力达60米／秒（17级）。

8月10日17时25分，“桑美”在浙江省苍南县马站镇沿海登陆，登陆时中心附近最大风力为60米／秒，中心附近最低气压达920帕。此次超强台风是有历史记录以来登陆浙江最强的台风，给浙江、福建等省造成了严重的人员和财产损失。

超强台风“桑美”共造成浙江省242.6万人受灾，因灾死亡87人，失踪52人（其中温州市苍南县死亡81人、失踪9人，平阳县失踪2人；丽水市庆元县死亡4人、失踪41人，龙泉市死亡2人），紧急转移安置100.1万人；倒塌房屋2.1万间，损坏房屋8.2万间；因灾造成直接经济损失47亿元。

“桑美”袭击福建时正赶上天文大潮，福建北部沿海出现风、潮、雨“三碰头”。由于“桑美”在福建省境内停留的时间长，强度又大，福建省受灾严重，部分地区的的交通、通信陷入瘫痪。

福建东北部发生特大暴雨，多条江河发生超危险水位洪水。据统计，从10日上午8时至11日清晨5时，降雨量在50~99毫米的有9个县（市、区）；降雨量在100~199毫米的有3个县（市、区）；降雨量在200毫米以上的有4个县（市、区），其中降雨量大于300毫米的有柘荣县（320毫米）和福鼎市（314毫米）。

狂风暴雨给福建省宁德市带来了很大的灾难，因灾死亡17人，失踪138人，宁德9县（市、区）共有117个乡镇遭受到不同程度损失，受灾人口达133万人；倒塌民房3.3万间；损坏房屋1.9万间；农作物受灾面积约55万公顷；损坏堤防129处；直接经济损失达42.9亿元人民币。

历史上影响我国的其他台风

1905年（清光绪三十一年）9月1日，台风登陆上海时，遇日全食异常，引起罕见的特大风暴潮，吴淞口潮位高5.55米，崇明、川沙、宝山等地淹死2.6万人。南汇“死千余人，庐舍、牧畜、浮厝漂没无数”。《中外日报》载南汇来函，“初三日晚飓风挟潮，南邑海溢，漫过圩塘，并有数处，冲成缺口，自沙岭以东，水高二三丈，如是者二团至七团，南北四十里，东西阔者十四五里，最狭处四五里，漂没沙民无数，间有踞屋顶，抱木板，漂至沙岭得生者，亦嗷嗷待哺，朝不保暮”。据《江苏省通志稿·灾害志》载，在这次罕见的台风风暴潮灾中丧生的人数是：崇明1.7万余人，川沙5 500人，宝山2 500余人，南汇1 000人，总数为2.6万人。《中外日报》当时报道：“现在死者暴露，棺殓不验，且将漂泊入海，尸骸无著，而生者亦庐舍荡然，风餐露宿，沉灶产蛙，炊烟俱断，深恐不日亦将就毙。如此奇灾，近百年来所未有。”

1930年8月3~4日，一个登陆福建的台风北上后，在辽宁义县兴堡24小时降雨量达1 300毫米，成为我国东北地区历史上24小时最大的降雨量。

1956年8月1日，编号为5612的台风登陆浙江象山，当时风力达55米/秒，造成5 000余人死亡。

1973年9月14日，编号为7314的台风登陆海南岛，当时台风中心附近风力达60米/秒，使琼海县城成为废墟。

1974年，编号为7413的台风引起了百年一遇的潮水，造成浙江地区136人死亡，53人失踪。

1994年，风速为每小时137千米的台风造成中国台湾10人死亡。同年8月20日、21日，台风“弗雷德”袭击了中国浙江省，持续时间达43小时，造成大约1 000人死亡，财产损失估计达11亿美元。

1990年，中国福建省和浙江省遭受台风“燕西”袭击，造成216人死亡。同年，中国浙江省遭受台风“亚伯”袭击，造成48人死亡。

1991年袭击中国南部的台风“艾米”造成至少35人死亡。

5.发生在美国的飓风案例

美国东濒大西洋，西临太平洋，东南靠墨西哥湾，易受源起东北太平洋、北大西洋和墨西哥湾等地飓风的影响，每年都会遭受飓风的危害。下面我们挑选几个典型的案例进行详细介绍。

2006年“卡特里娜”飓风

2006年8月23日，“卡特里娜”飓风在加勒比海的巴哈马群岛生成，2天后袭击了佛罗里达州的大西洋沿岸。然后，“卡特里娜”从墨西哥湾温暖的水域中聚集了能量，逐步升级，沿墨西哥湾向路易斯安那州的格兰德岛再次登陆，登陆前风速曾高达280千米/小时。飓风登陆时，受陆地影响稍减弱，风速降到232千米/小时，随后飓风风速减弱至大约168千米/小时。4小时后，飓风第三次登陆路易斯安那州与

密西西比州的边界。最后，飓风向东北方向移动，于8月21日在俄亥俄州转化为温带气旋。

据统计，受此次飓风影响而死亡的人数达1 000人以上，仅路易斯安那州就有700多人死亡。由于飓风的破坏，海上石油开采停顿，致使原本就高昂的世界油价进一步抬升。

由于飓风所袭击的墨西哥湾地区是美国最重要的能源生产基地，美国12大港口中，有5个港口位于此区域；飓风所摧毁的新奥尔良市为美国重要的旅游城市。可以说，此次飓风为美国的能源产业、港口运输业及旅游业都带来了严重的损失。

“卡特里娜”飓风也给墨西哥沿岸的很多赌场带来了沉重打击。暴风雨引发的洪水冲垮了墨西哥湾码头边及岸边的众多赌场设施。拉斯维加斯的哈拉娱乐公司在新奥尔良市的一家大型赌场和位于比洛克西和加佛港的两家赌场均被冲毁。

据统计，美国政府对“卡特里娜”飓风所造成的救助、后续医疗、失业、教育与房屋修缮等支出超过了1 000亿美元。

美国在世界经济上处于龙头地位，“卡特里娜”飓风对美国经济产生了影响，也在一定程度上撼动了世界经济的神经。

1900年加尔维斯顿飓风

加尔维斯顿是位于加尔维斯顿岛的一个港口，现在是旅游胜地。1900年加尔维斯顿有将近4万人口，那里经济繁荣，美国2/3的棉花作物和大量的粮食作物都出于此地。

如果以丧生人数为测量标准的话，在美国历史上损失最惨重的飓风是在1900年从8月27日持续到9月15日的那一次。

这次飓风形成于加勒比海，穿过墨西哥湾，9月8日到达美国得克萨斯州的加尔维斯顿。当时风速达到每小时124千米。这次飓风不是最猛烈的，但是，它和多数飓风一样，带来了风暴潮。

热带风暴来临之前，美国气象局已经发出警报，但是，许多加尔维斯顿市民没有引起重视。9月8日黎明时分，狂风怒吼，暴雨倾泻，气压也随之迅速下降。许多人没有撤离，在市中心大楼里躲避风雨。

到中午时，横跨岛屿和大陆的桥梁被淹没了，阻断了人们唯一的逃生路线。下午，飓风摧毁了海滨附近的建筑，不一会儿，整座城市被1.2米深的水淹没。直到22时，飓风渐渐减弱。

飓风过后，加尔维斯顿城大部分成为布满木头和瓦砾的废墟。据统计，此次飓风摧毁房屋2 600多座，死亡8 000人以上，受伤5 000人，1万人无家可归。

1969年“卡米尔”飓风

1969年8月17日，飓风“卡米尔”来袭，当时风速可达每小时160千米，阵风风速高达每小时282千米。飓风引发了7.4米高的大风暴潮。风暴潮越过克里斯蒂安山口处的密西西比州海岸。虽然海水没有淹没内陆，但是飓风“卡米尔”在8小时内造成了弗吉尼亚州686毫米的降水。

大雨造成突如其来的洪水，洪水中有109人死亡，另外还有41人死亡原因不明。此次飓风共造成255人死亡，68人下落不明。

向北行进的风暴

美国东南沿海各州和墨西哥湾沿海各州最容易受到飓风袭击，但是北部很多州也逃脱不了飓风的袭击。

1954年，纽约州的新英格兰遭受了3次飓风袭击。在8月

份，飓风“卡罗尔”比在此之前历史上任何一次风暴造成的财产损失都大，主要是因为风暴潮引发的洪水淹没了许多低洼地区。人们刚刚摆脱灾难的阴影，9月份又发生了飓风“埃德娜”，在马萨诸塞州沿海的马撒葡萄园岛，阵风达到每小时193千米。

同年10月，第三次飓风——飓风“黑兹尔”袭击了该地区。飓风“黑兹尔”是袭击北美最大、最强烈的飓风之一，影响范围达23 309平方千米。10月12日，飓风“黑兹尔”袭击了海地的三个城镇，造成大约1 000人死亡，同时也给距离800千米远的波多黎各带来了305毫米的降雨。飓风“黑兹尔”越过巴哈马群岛后，风速增强，超过每小时193千米。10月15日，在美国南卡罗来纳州的默特尔海滨附近登陆。在一些地区，风暴潮达5.2米，对273千米的沿海造成了巨大破坏。然后，飓风转向北，风力加剧。在纽约城，阵风达到每小时182千米，继续向北移动，进入加拿大。

飓风“玛里琳”

1995年9月，飓风“玛里琳”袭击了美国维尔京群岛和波多黎各。飓风过后，一个名叫威尔弗雷德·巴里的美国元帅乘坐军用喷气式飞机在圣托马斯岛上空飞行，观察飓风造成的破坏。他报告说，岛上的房屋的屋顶都被吹掉。按萨菲尔·辛普森飓风级别划分，飓风“玛里琳”只是1级飓风，然而，即使是这样的飓风也吹掉了房屋的屋顶。

飓风一般都会撕断房屋的屋顶，特别是坡度比较小的屋顶最易被撕断。

当风吹过高低不平的地表时，空气与地表间产生的摩擦力会减慢靠近地表的空气流动的速度，所以各个空气层的空气行进速度不同。空气旋转运动，气流波动很大，形成湍流。如果屋顶是用薄板材料建造的，向上移动的湍流就会冲向屋顶突出的屋檐，多次施加作用力，直到屋檐与建筑物脱离。然后，把薄板渐渐吹卷起来，一片搭着一片的石板瓦开始松动，风吹入松动的石板瓦内，直到加固的钉子弯曲、断裂。这时石板瓦被卷入空中，这样风可以更轻易地直接卷走屋顶的周围部分。

圣托马斯岛遭受飓风“玛里琳”的袭击最严重。在对圣托马斯造成严重破坏之后，飓风“玛里琳”又移向波多黎各，库莱布拉机场受到飓风的全面袭击。报纸上登载了一架小型飞机残骸的照片，飞机被吹翻了个，机身断裂，机翼和方向舵缠绕在一起。

袭击美国的其他飓风

1900年9月袭击得克萨斯州加尔维斯顿的飓风，这是美国历史上造成死亡人数最多的一次飓风。飓风造成的死亡人数为8 000~12 000人。飓风类别为四级，飓风形成的洪水淹没了加尔维斯顿城的12个街区。

1909年9月袭击路易斯安那州的“大岛”飓风。该飓风为四级飓风。它造成了至少350人丧生和600万美元的经济损失。路易斯安那州南部的大部分地区被淹。

1915年袭击得克萨斯州加尔维斯顿的飓风。这是该地区一年内第二次受到四级飓风袭击。尽管加尔维斯顿在1900年飓风袭击后建筑了一条防波堤，但飓风还是造成了275人死亡。

1919年9月袭击佛罗里达州和得克萨斯州的飓风。该飓风为四级飓风。它横扫了佛罗里达半岛、穿越墨西哥湾，击中了得克萨斯州的圣体节城，共造成600~800人死亡，其中许多人死在了船上。

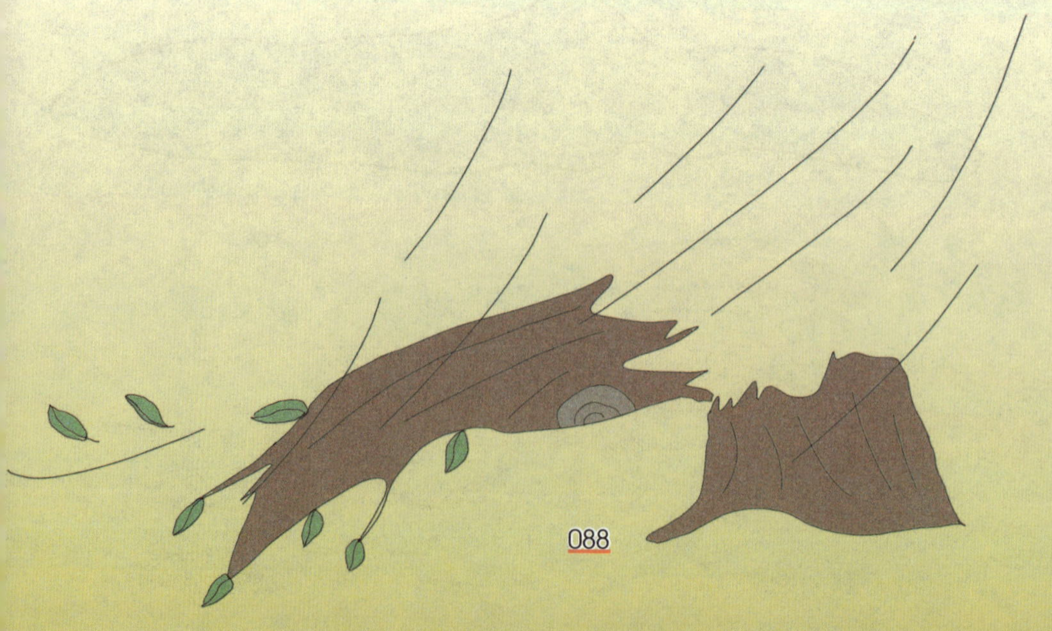

1928年9月袭击佛罗里达州奥基乔比湖的飓风。该飓风为四级飓风。在给波多黎各造成严重破坏后，该飓风登陆棕榈滩附近的奥基乔比湖。飓风摧毁了一条防洪堤引发洪水，造成1 836人丧生，其中大部分人是被淹死的。对此次飓风，气象部门未能做出准确预报。

1935年，美国佛罗里达半岛南部发生了劳动节热带风暴。热带风暴来临时，风速达每小时241~322千米，风眼气压为892.4百帕。此次热带风暴造成了408人死亡。

1944年9月袭击美国东北部的“伟大大西洋”飓风。该飓风为三级飓风。它沿美国东岸北上，于9月14日以145千米/小时的风速袭击诺福克，造成394人丧生，其中大部分是在海上丧生的。

1957年6月袭击路易斯安那州南部的“奥德丽”飓风。该飓风为四级飓风，1957年6月26日深夜在路易斯安那州南部低地登陆，造成390人死亡。他们中很多人原以为还会有一天时间可以撤离，但由于风暴加速，比预计的提前登陆，因而使他们不幸丧生。

第三章

台风可以预防吗

人类防御台风的历史由来已久。在古代，由于科学技术的落后，人们对台风缺乏认识，误认为是天神发怒。神话中就曾经把台风描绘成一只巨龙，它在黑暗和浪涛中沿着天空遨游，用它的“大眼睛”注视着大地上的生灵，并且随时准备将之吞噬。所以，古人对台风只能听天由命。随着人类社会的进步，人们想出了一些防御台风的措施，如修建海塘、加固建筑等。但是，这些措施仍然不能避免台风灾害带来的生命伤亡和财产损失。

今天，随着科技的发展，人们借助船舶、卫星、雷达、浮标和探测飞机的帮助，台风的位置和强度都可以获得，台风的移动路径能被仔细监测，甚至台风未来的变化也能预先确定。因此，在台风到来前只要采取有效的防御措施，趋利避害，受灾程度是可以大大减轻的。

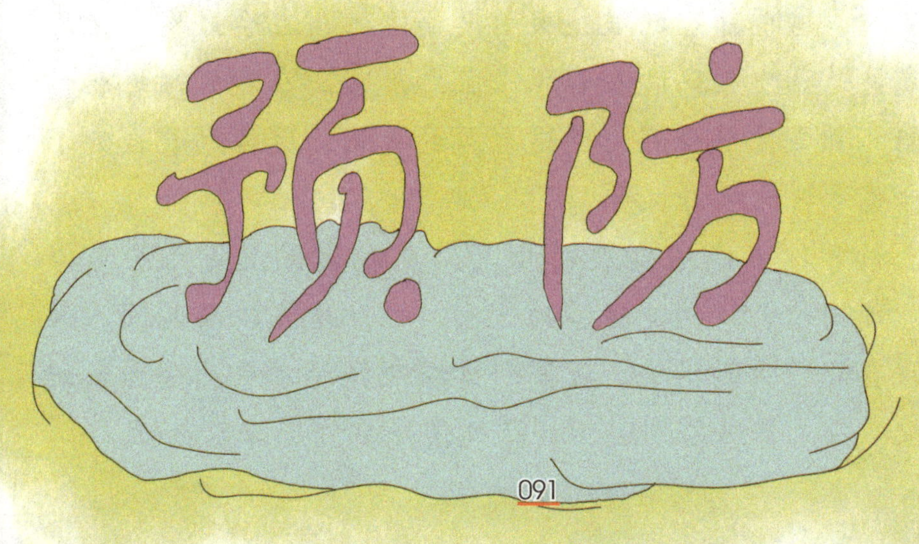

1. 台风的监测方法都有哪些

台风造成灾害的严重性、多发性已为世人所瞩目，很早以前，许多国家的海洋气象科学家们就着手对台风监测和预报工作，近代最早的台风预报可追溯到18世纪初。

台风发生在热带海域，早期对台风的监测工作是很困难的，除设在少数热带海岛上的观测站能实测到一些台风资料外，大都是依靠航行在世界各大洋航线上的各国商船义务观测得到的，这些商船的航线大都是固定的，在台风发生区里的航线更是稀少，同时在台风来临之前，正在台风附近航行的商船，都会提前规避，免遭台风的袭击，这样也就丧失了获取台风资料的极好机会。

在科学技术高速发展的今天，用现代化设备已经可以精确地预测出台风的具体移动方向、登陆地点以及时间。只要采取有效的防御措施，提高科学探测预警水平，全力做好防、抗、救工作，趋利避害，就能使受灾程度降至最低。

对台风的探测主要是利用气象卫星。在卫星云图上，能清晰地看见台风的位置和大小。利用气象卫星资料，可以确定台风中心的位置，估计台风强度，监测台风移动方向和速度，以及狂风暴雨出现的地区等，对防止和减轻台风灾害起着关键作用。

陆地监测台风的现代化手段是雷达。根据它发出的无线电脉冲被台风云雨滴反射回来的强度可以测量台风（云雨）的强度。多普勒雷达还能探测台风中的风场。雷达的探测距离可以达到400千米。我国沿海已建成从南到北的雷达台风警戒网。

此外，陆地、海岛、船舶和浮标等常规地（海）面气象站网可以提供气压、风速、温度等许多气象要素值以绘制天气图；在缺乏观测站的海区，美国还常派出气象飞机进入台风探测，施放下投式无线电探空仪，测量台风中心区的气象要素。这对确定台风中心具体位置和台风预报有重大帮助。

预报员根据探测所得到的数据和各种物理量图表，通过科学的综合分析，得出台风可能登陆的地点和时间以及影响的区域，及时向各级政府和有关部门提供防台决策依据，并通过电视、广播、报纸、互联网、手机短信等媒介向社会公众发布警报或紧急预警，尽量减少台风灾害带来的损失。

2.天气预报是如何诞生的

在今天的电视天气预报中常给出一张近地面天气示意图，通过这张简化了的天气图，观众可以了解冷空气前锋的位置、大风和降雨区的位置等。可以说，天气图的出现在气象学上意义重大，它把很多个站点的气象要素有机地联系到了一起，使我们的眼界由点扩展到面。预报人员可以在短时间内通过天气图了解一定范围内乃至全球的气象情况，通过连续的几张天气图，也可推测未来天气的变化。天气图一直是气象人员预报天气的主要工具，在数值预报蓬勃发展的今天，天气图仍是预报工具之一。

早期的气象观测并没有全球统一的观测规定，获得的数据也不会实时交换。而世界上第一张天气图是因克里米亚战争而诞生的。

1854年11月，历史上著名的克里米亚战争正在激烈地进行，英法联军包围了克里米亚半岛的塞瓦斯托波尔，11月14日，当英法联军准备在黑海的巴拉克拉瓦港登陆时，黑海海面风暴突起，狂风巨浪吞没了法国军舰“亨利4号”，整支英法舰队几乎毁灭于黑海风暴中。

风暴过后，法国皇帝拿破仑三世很震惊，立即命令因发现海王星而闻名的巴黎天文台台长勒威耶着手调查这起风暴的起因。勒威耶向各国气象学家发信，收集风暴发生前后的气象报告。报告收集到以后，他依次把同一时间各地的气象情况填在一张图上，把图联系起来一分析，发现这次风暴是自西北向东南方向移动的，当其到达黑海前的1～2天，西班牙和法国已先受其影响。当时已经发明了电报通讯，勒威耶

认为如果在欧洲沿大西洋一带建立起部分气象站，是可以事先把所观测到的风暴天气情报及时电传给英法舰队，就有可能避免遭遇这次风暴的袭击。

1855年3月，勒威耶向法国科学院建议，组建气象观测网，并迅速地将观测资料收集起来，再绘制成天气图，就能提前分析推断出风暴未来的移动方向和路径。他还建议政府部门在气象预报的日常业务中开展风暴的预报和警报工作。1856年，法国成立了第一个正规的气象服务机构，不久欧洲的其他一些国家以及美国、日本也都相继组织建设观测网，开始拍发当日的气象观测结果，绘制天气图，预报天气。就这样，近代科学的气象预报诞生了。

天气图是现代天气预报的开端，它使天气预报由点扩展到面，使人们从“坐井观天”飞跃到“放眼世界”。

3.如何利用飞机观测台风

近几十年来，热带气旋的路径预报取得了持续而稳定的发展，这主要归功于一些新的观测手段的发明和技术的进步，比如卫星观测、飞机观测以及目标观测（或适应性观测）技术的发展和应用，其中飞机观测资料在帮助提高对热带气旋的认知和改进热带气旋路径预报方面做出了重要贡献。

飞机观测是指将机载观测平台在合适的时间派遣到合适的地点和高度用合适的仪器开展热带气旋相关要素的测量，将所获取的资料按相关格式进行编码并传送回来。

国际上开展热带气旋飞机观测已有近70年的历史，并早已被证明是提高热带气旋路径和强度预报的行之有效的手段。

美国是世界上最早开展飓风飞机观测的国家，也是当今世界开展飓风飞机观测技术最成熟的国家，至今已有近70年历史。自2003年始，我国台湾地区也启动了名为“DOTSTAR”的台风飞机观测研究计划，迄今已取得了非常令人鼓舞的成果。飞机观测资料在提升热带气旋结构及其变化认知、提高热带气旋路径和强度预报准确率等方面发挥了至关重要的作用。

台风飞机观测最早可以追溯到20世纪40年代。据说起初是两个美国空军飞行员在酒吧里打赌，挑战看谁有勇气驾驶飞机穿越飓风。1943年7月27日，美国一位空军中校驾驶飞机从位于得克萨斯州的空军基地起飞，成功进入了墨西哥湾的飓风眼区，此举开创了美国飞机观测飓风的先河。于是从1945年起，美国正式对飓风实施飞机观测。

飞机观测台风时，飞进台风眼一般要下降到3 000米的高度，并相继离台风眼每50千米处投放探空仪，对台风眼实施立体观测，这样的作业反复进行三次。选择这个高度飞行对台风的观测最有利，也是飞越台风眼比较安全的一个高度，因为3 000米高度是台风流入层的顶部，相对来说这个高度的对流作用要比下层小些，但对初期发展的台风，或后期削弱

的台风来讲，由于台风眼不明显，飞机一般要下降到300米的高度进行作业较为合适。

2003年我国台湾地区启动了由台湾大学主导，美、日等国相关科研和业务单位共同参与的“追风计划”——侵台台风之飞机侦察及下投探空观测试验。其目标是针对可能侵袭台湾的台风，以机载GPS下投探空仪对台风周遭大气环境实施观测，进而增进对台风动力理论的理解，提高台风路径预报的准确率。2003年9月1日，对“杜鹃”台风实施了首次飞机观测。从2003年计划实施至2012年台风季节结束，该项目已针对西北太平洋的49个台风完成了64航次的飞机观测任务，并成功投送了1 051个下投探空仪，取得了丰硕的科研和业务效果。

我国是世界上遭受热带气旋灾害最严重的国家之一，平均每年约有9个热带气旋（含热带低压、热带风暴及以上强度）在我国登陆。迄今为止，我国内地尚未开展飞机观测业务，只是在2008年7月18日和9月15日分别针对“海鸥”（Kalmaegi）和“森拉克”（Sinlaku）做过两次小型无人机观测试验；2009年8月7日和9日针对“莫拉克”（Morakot）和“天鹅”（Goni）做过两次机载下投式探空观测试验。受多种条件的制约，上述观测试验所取得的科学结论和经验非常有限。因此，若能对国际上热带气旋飞机观测的先进技术和经验有较全面的了解，学为己用，必将有效地推动中国内地热带气旋飞机观测技术水平，建立中国内地热带气旋飞机观测业务，进一步提高对热带气旋路径、强度及风雨甚至风暴潮预报的水平，从而更有效地减轻热带气旋带来的灾害。

4.如何利用卫星观测台风

茫茫大海，如何能发现台风在何处出现呢？20世纪60年代气象卫星的问世，使台风尽收人们的眼底。

气象卫星是监测热带洋面上的低压、台风等天气系统的重要工具，其业务产品是卫星云图，在卫星云图上，能清晰地看到台风的存在及其大小。并且还能可靠地确定台风中心所在位置的经纬度、台风中心附近大致的最大风速（即强度）、台风可能的降雨量等。尤其对确定台风的位置和强度，卫星提供的遥感图像资料是不可缺少的。

使用卫星云图以来没有一个台风被遗漏。即使偏僻海区的台风也无处藏身，甚至刚刚形成的热带涡旋的云系也逃脱不了它的“眼睛”。位于35 800千米高空的静止气象卫星还能连续监测台风的发展和移动，对台风预报有很大帮助。

卫星用于监视全球风云，弥补了占地球表面积71%海洋上的观测空白区。在卫星使用以前，海洋气象人员要发现和预防台风是比较难的，往往要等到台风发展到很强的时期才能被发现，对确定台风的位置和移动速度、方向都欠准确，气象卫星的应用，无疑对台风的预报和研究工作向前推进了许多。

如今卫星已经成为监视台风最不可缺少的工具，特别是在赤道上空布设的几颗静止卫星，通过时时刻刻的监测，已能把台风的形成、发展、源地、路径、移动、天气等许多问题探测得很清楚，哪怕是一个小的台风，甚至一片雷阵雨，卫星也能完整地拍下来，作为实况资料。人们通过卫星，能比过去提前两三天发现台风，并能准确地测定它的位置、强度，从而确定它的移向、移速和发展变化。卫星云图所显示的台风彩色图像，通过电视天气预报节目，目前已进入千家万户，这是一项很大的技术进步。

世界上第一颗气象卫星是1960年4月1日发射的美国泰勒斯—1号卫星。它的运行证明了卫星进行全球气象观测的能力，开创了气象观测的新纪元。50多年来，世界各国发射的气象卫星已逾百颗，已发射的极轨气象卫星有美国的泰勒斯、艾萨和艾托斯—诺阿系列、国际卫星、苏联的宇宙和流

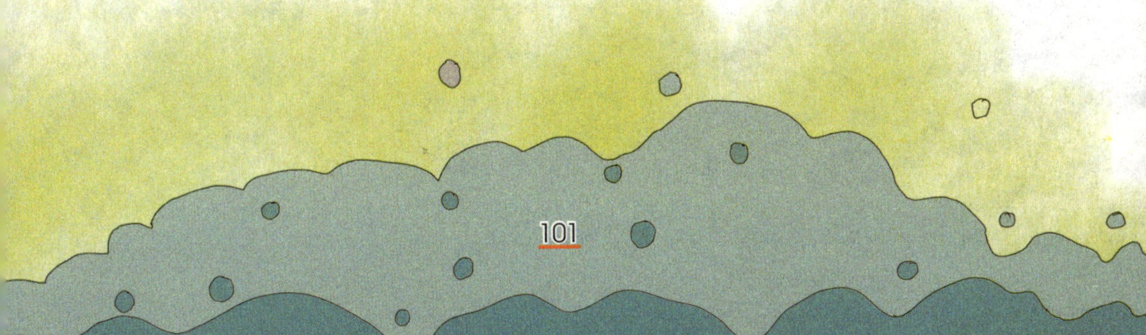

星以及我国的风云系列；静止气象卫星有美国的应用技术卫星、地球静止业务环境卫星、欧洲空间局的欧洲气象卫星、日本的葵花卫星以及我国的风云系列卫星；已发射的研究卫星有美国的雨云卫星等。这些卫星资料对台风中心的定位、强度的估算、路径的监测都起到了至关重要的作用。

运用卫星探测海洋上空的特殊气象现象，对提高灾害性气象预报能力起到了积极的作用，对一些未知现象提供了很好的判断数据，随着这项技术的广泛应用，人们掌握天气变化的主动权也越来越大。

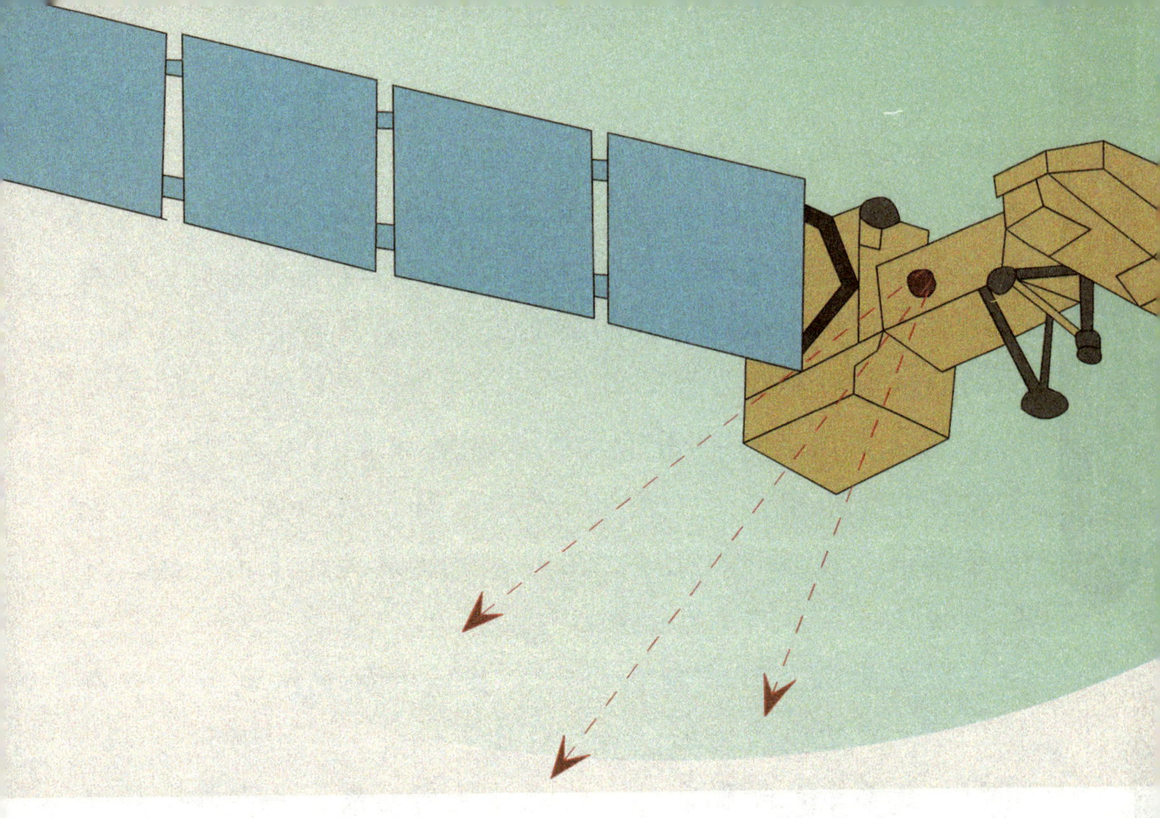

5.如何利用雷达观测台风

在台风接近陆地时，由于海岛和大陆下垫面地形的影响，使得台风结构变得异常复杂。由于雷达的观测时间及空间解析度比卫星及时，所以当台风接近陆地时，雷达成为最佳定位工具之一。

雷达在第二次世界大战期间用于军事活动，由于微波雷达在探测军事目标物时，常常受到云、雨的干扰，云、雨回波的干扰常妨碍军事观测目标，而气象学却发现微波雷达中的云、雨干扰，可以用来探测天气，提高灾害性天气预报能力，能开展天气预报服务。国外从20世纪50年代起，建立了天气雷达站网，用于警戒强对流天气。雷达在监测天气中的作用很显著，准确可靠。要知道远处的雷雨、台风、冰雹，会不会影响本地，何时影响本地，影响时强度如何，雷达可以较好地完成。气象雷达是很好的监测工具，为研究和预报台风，提供了可靠的资料。雷达的探测距离可以达到400千米。我国从20世纪60年代起，在沿海建立天气雷达站，组成全国天气雷达探测站网，除监测灾害性天气外，还用于人工降雨的试验观测。

气象雷达是专门用于大气探测的雷达。气象雷达是用于警戒和预报中、小尺度天气系统（如台风和暴雨云系）的主要探测工具之一。气象上用的常规雷达大体上由天线、发射、接收、显示四个部分组成。

雷达能从天线发射出一种波长很短的无线电波，以每秒30万千米的速度发射，这种电波在远处大气中遇到台风、雷雨、暴雨等天气现象时，就能被反射回来，并在雷达的显示屏上以不同形式的回波显示出来，根据显示屏上的回波亮度、结构，来辨认观测的天气目标。因此我们在显示屏上就能看到台风、雷雨和暴雨的整个面貌和内部结构。台风中心以及周围云雨状态，同样能在雷达的显示屏上显示出来。只要通过几次定时的观察，就能计算出台风移动的速度和方向。有了这些宝贵的资料，就可以精确地知道台风的位置、强度、移动方向和移动速度，从而比较准确地做出台风预报。

20世纪90年代初期，随着新一代多普勒天气探测雷达的迅速发展和普及，使雷达在台风的监测中发挥了更大的作用。利用雷达探测台风，并与气象卫星资料、天气图资料相结合，可以大大提高台风预报的时效和精度。

6.可以人工削弱台风吗

人工影响台风，目的是利用人类制造的扰动，达到全面改造台风的目的。如利用飞机向台风中特定部位的对流云播撒大量的冰催化剂，改变台风的某些结构，使最大风力减弱，以减轻其危害。有人估计，如果台风最大风力减弱10%，就会使灾情减轻20%。所以人工削弱台风的试验，都是以削弱台风眼周围的最大风力为目标。

在台风眼周围的云墙和离台风眼稍远的螺旋状云系内，

播撒大量的碘化银等催化剂，使云中产生大量冰晶和冻滴，释放冻结潜热，促进对流云的发展，从而使水汽进一步凝结而继续释放潜热，造成该区域的气温上升，这样，低层气压降低，就可以使台风眼附近的气压梯度变小，最大风力减弱。同时，由于主要上升气流区向外围扩展，低层入流区也随之外移，根据角动量守恒原理，这将使最大水平风速减小。理论模式的计算结果表明，用这种方法能使台风眼壁向外扩展10千米，并使海面最大风速减小3~4米/秒（6%~8%）。

美国曾尝试以人工的方式使热带气旋减弱。方法就是

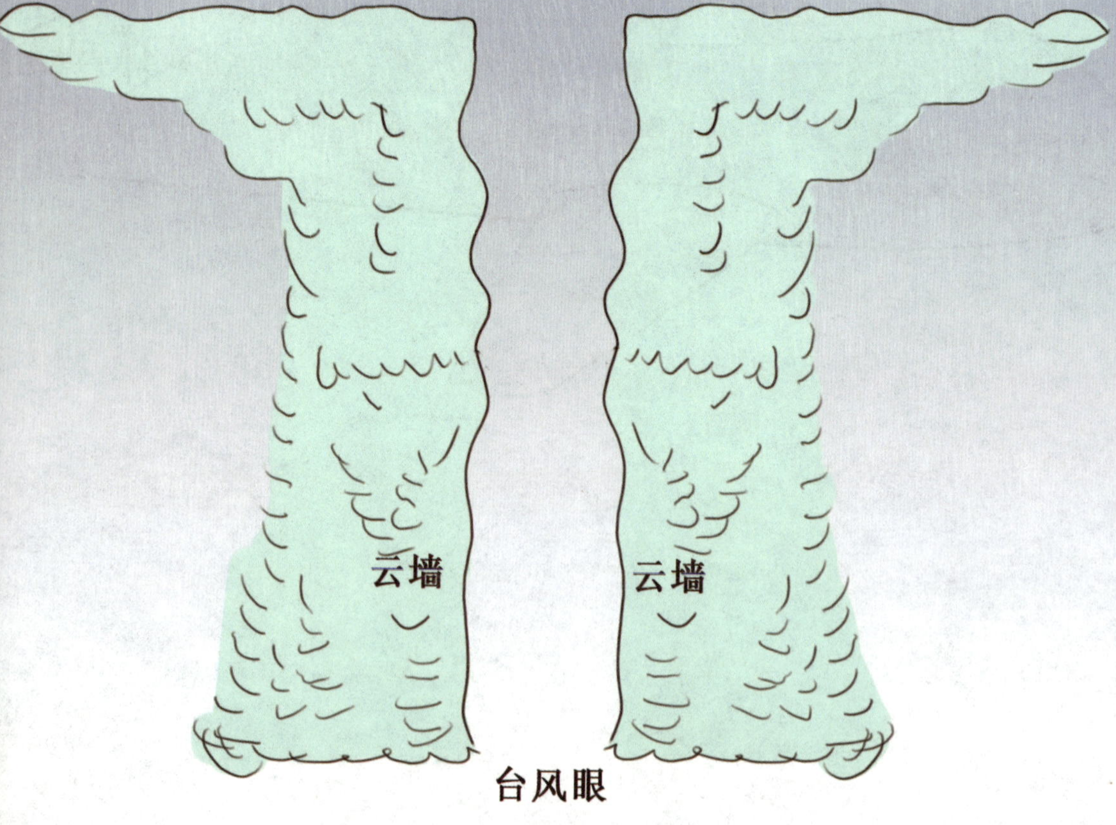

以碘化银使热带气旋云带的水分过度冷却，令内部眼墙崩塌而降低其强度。美国在1947年10月对台风进行了首次播云尝试。在1960~1970年，又先后对4个台风进行了8次有计划的播云试验，其中4次在播撒碘化银后，台风最大风速减小了10%~30%。但由于台风风速的自然变率较大，最大风速的减小，还不能完全肯定是播云的效果。其中，1969年的飓风“黛比”的风速因此而下降了30%，但在人工减弱后，该飓风的强度很快便恢复了。在1974年，一个位于美国佛罗里达州杰克逊维尔以东的飓风被人工减弱后，突然改变路径，吹袭了佐治亚州的沙瓦纳，酿成灾难。因为被人工减弱的热带气旋有太大的不定性，此后美国禁止对在48小时内有10%以上的概率登陆的热带气旋进行人工减弱，因而大大减少了此后可能的实验风暴数目。到80年代，美国对台风又做了进一步探测，发现台风的云墙和螺旋状云系内过冷水含量很少，冰晶浓度很高，云内的铅直气流较弱，人工播撒成冰剂很难产生明显的热力效应，最终人工播云削弱台风的计划以失败而告终。

现阶段，世界上许多气象研究中心正在想方设法将台风观测资料输入复杂的数值模式中，把台风“搬”到实验室中进行研究，目的是获得准确的台风路径、台风强度和台风降雨的预报。遗憾的是，许多台风演变的突变过程和细致结构并没有被成功模拟出来，包括一些突变路径和已经发现的双眼结构墙。因而，要达到科学家提出的利用数值模式找到台风的软肋，并施加小的扰动影响（如播云和改变海面蒸发等），从而全面改造台风的目标，还有一段很长的路要走。目前，面对强大的台风，人们只能选择躲避。

7. 世界各国的台风监测机构有哪些

世界气象组织

19世纪中期，由于航海的需要，一些欧洲的气象学家利用已经发明的无线电报来传递气象资料，以便制作天气图，并据此来进行天气预报。为此，1873年一批欧洲气象学家发起组建了国际气象组织。由于活动得不到各国政府和有关部门的响应和支持，有诸多不便。于是在1950年正式改名为“世界气象组织”，1951年成为联合国的专门机构。

世界气象组织是促进世界各国气象业务往来和合作活动的政府间国际机构。世界气象组织的主要职能是：促进各国间在建立气象、水文站网及传输、交换气象资料等方面进行合作；为各国气象观测业务的制定统一标准，并加速推行标准化。具体任务有：协调和改进世界气象及有关活动并促使其标准化；促进提供气象服务的气象中心的迅速发展；促进气象学在人类活动各方面的应用及其发展；促进对气象领域内科研和业务人员培训工作的开展。近年来，世界气象组织的主要活动集中在几项大型国际联合协作计划，如世界天气监测网计划、全球大气研究计划、第一次全球大气试验、人类和环境的相互作用计划、世界气候计划等。

世界气象组织专门在亚太地区设立了台风委员会，另外，还在加勒比地区建立了飓风委员会，在孟加拉湾和阿拉伯海地区设立了热带气旋组织以及西南印度洋委员会，这些区域性组织带来了很大的效益，为提高各国台风业务预报做出了贡献。使对台风定位、强度、路径等方面问题的研究有了比较准确的资料，部分弥补了由于浩瀚的海洋上常规资料不足造成的缺陷。现在主要采用飞机飞到台风外围的云系，采用全球定位系统下投式探空仪进行探测，或用无人机飞入台风外围进行探测等方法。

中国国家气象中心

我国国家气象中心（中央气象台）是中国气象局直属业务单位，是全国天气预报、气候预测、气候变化研究、气象信息收集分发服务的国家级中心，也是世界气象组织亚洲区域气象中心、核污染扩散紧急响应中心。国家气象中心成立于1950年3月1日。

国家气象中心的主要职责是：为党中央、国务院提供决策气象服务；通过电视、广播、报纸、网站等媒体为社会和公众提供气象信息和预报服务；为专业用户提供有针对性的专门气象服务；为全国气象台站提供气象预报技术和产品指导；履行有关国际气象义务。

我国的台风预报与警报工作主要由该中心的天气预报与环境气象室负责，主要开展对西北太平洋和南中国海热带气旋的预报警报工作。

中国气象局还有国家气候中心和国家卫星气象中心，分别承担台风气候预测和台风卫星监测任务。

美国联合台风警报中心

美国联合台风警报中心是美国海军位于夏威夷珍珠港的海军太平洋气象及海洋中心的分部。该中心负责发布太平洋及印度洋海域的热带气旋的预报与警报。

联合台风警报中心遵守世界气象组织的规定，为热带气旋命名，划分台风与热带风暴的等级。在2000年前，联合台风警报中心亦负责对西太平洋上风力达热带风暴及以上的热带气旋进行命名的工作。但从2000年起，这项工作改由日本气象厅负责。

联合台风警报中心使用了数个卫星系统、探测器、雷达、地表及高空全面数据和大气模型全年持续监测、分析和预测热带气旋的形成、发展及动向，该中心的责任范围覆盖了全球九成热带气旋的活动范围。

台风委员会

台风委员会是亚洲及太平洋经济社会委员会和世界气象组织联合建立的一个政府间组织。其宗旨是改善和协商亚洲及太平洋地区的防灾规划和措施，减轻自然灾害特别是台风造成的人员及财产损失。

台风委员会成立于1968年，现成员包括柬埔寨、中国、朝鲜、中国香港、日本、老挝、中国澳门、马来西亚、菲律宾、韩国、新加坡、泰国、越南和美国。

台风委员会的主要任务是协调解决台风业务预报、台风科研、台风现场试验以及组织各国、各地区台风专家们定期或不定期地进行学术交流，举办台风讲习班，培训高级人才，以达到不断提高预报业务的质量。台风委员会设有咨询、气象、水文、防灾减灾、培训与研究等工作组。

8.我国台风预报的发展现状

台风预报包含三方面内容：一是未来台风的移动方向和移动速度，称为台风路径预报；二是未来台风的强度（中心气压）、风力、风速的预报，一般称为台风强度预报；三是台风带来的风雨影响范围和强度预报，一般称为台风影响预报。

近年来，我国台风路径预报的总体水平接近国际先进水平。20世纪90年代初期以来，台风综合预报路径误差呈逐年减少的趋势，2009年，我国24、48和72小时台风路径综合预报误差分别为119、205和299千米，优于日本和美国的预报水平。

我国已经建立与完善了国家、区域、省、市、县5级联防的台风警报服务体系，借助于电视、手机、网络等多种信息传播手段发布各种台风预警信息和预警信号。各级政府根据气象部门发出的台风预警信息和防台预案，及时组织台风影响地区群众防台防灾，转移、安置危险地区群众，极大地减少了台风造成的影响，取得了显著的社会效益和经济效益。

我国的台风预报是由设在北京的国家气象中心，以及遍布全国沿海省市县各级气象台站和海洋台站建立的预报服务网络进行的，它们依据地面监测网、高空气象探测网、气象雷达探测网、气象卫星监测系统、海洋监测网络以及国际间气象资料交换系统获得的实况资料，进行分析处理后，发布台风的预报和警报。

近几十年来，中国的气象现代化发展迅猛。我国从1962

年开始，由原中央气象局组织全国台风联防，共有15个省（区、市）及所属气象台站组成联防。我国也从20世纪70年代初利用卫星云图来监测台风的行踪，可以说，自那时起，没有漏测过一个台风。1986年开始，中央气象台用计算机制作的动态图像显示天气预报系统已通过中央电视台在全国联播，台风警报和紧急警报也通过该系统向全国发布。通过电视发布的台风警报，提供的信息量大，图像清晰鲜明，内容生动，直观易懂。通过电视屏幕可以看到台风实际的形象和大小，台风眼的位置，强风雨区的所在地区，与周围天气系统如副热带高压的相对位置以及台风未来的可能动向等。这已成为我国发布和传输台风警报的主要手段，并取得了很好的效果和社会评价。例如，8607号和8908号两个台风均提前3天通过该系统发布了正确警报，广东省气象台也及时发布了警报，当地政府及时召回了在南海北部作业的千百条渔船回港避风。因此，在台风的袭击过程中，海上无一人死亡。

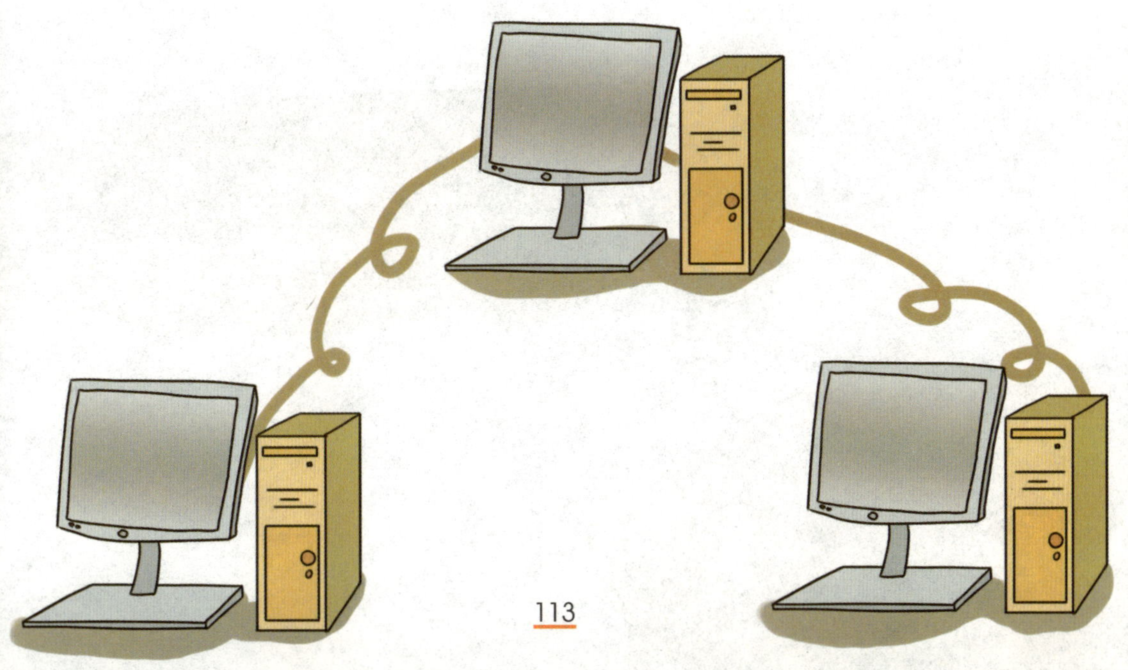

通过中央人民广播电台和地方人民广播电台的广播，一天多次发布台风警报和紧急警报，仍然是警报发布的主要手段之一。在近海捕捞的渔船，在收到无线电广播的警报后，可以做出迅速的反应。有的沿海城市设有海岸电台，针对海洋各类过往船只转发台风警报。

政府或生产指挥部门与气象台之间目前也先后建立了气象信息传输和接收系统。最新的台风动向、台风中心位置、强度和可能的登陆地段等均可及时提供，这在政府决策中起到了重要的参考作用。

尽管我国是世界上台风最多的国家之一，平均每年有7~8个，多的年份可达10多个，但由于各级气象台站预报准确，警报发布及时，服务主动，各级地方政府和防汛部门认真做好防台、抗台的准备工作，从而有效地减轻了台风所造成的灾害。

9.如何理解台风预报

气象台根据台风可能产生的影响，在预报时采用“消息”“警报”和“紧急警报”三种形式向社会发布。同时，按台风可能造成的影响程度，从轻到重向社会发布蓝、黄、橙、红四色台风预警信号。公众应密切关注媒体有关台风的报道，及时采取预防措施。

有台风时，一般要发布“台风警报”和“台风紧急警报”；当有台风发生可能影响本地和台风解除时，可发消息。

当我国编号范围内的太平洋上有台风发生，并且在三天左右可能影响我国沿海时，气象台就先发布“台风消息”，主要是提供台风的实况信息。如台风的中心位置、强度、大风范围和台风前进的方向和速度等，以引起大家注意。

当台风继续向我国沿海靠近，预计48小时内将对我国沿海某一地区有（阵风8级以上）影响时，就发布这个沿海海面的“台风警报”。台风警报的内容，除了台风消息的内容外，还要增加未来24小时和48小时台风的预报位置，以及对发布地区的具体影响，如对风、雨等的预报。

当台风在未来24小时前后，将对我国沿海有重要影响，如受台风的侵袭有10级以上的大风时，就发布受影响沿海海面的“台风紧急警报”。它是气象台发布台风预报最高一级的警报，以强调台风影响的严重性，并有详尽的说明和风雨预报内容，以便人们全力以赴地与台风展开斗争。

当台风已经远离当地，并且影响已经基本结束时，就发布“台风解除”的消息。

10. 台风来临前有哪些征兆

许多地方性征兆（包括天象和物象），在一定程度上，对台风是否影响本地，能起到指示作用。这些征兆是我国劳动人民千百年来和“老天”打交道的经验积累，可以作为对气象台的台风预报的一个补充。了解并掌握台风来临前的征兆，是减少或避免台风灾害的一种有效手段。那么，台风来临前都有哪些预兆呢？

出现长浪

长浪又叫涌浪。当台风还在较远的洋面上时，在海边就能看到从台风中心传播出来一种特殊的海浪，浪顶是圆的，浪头并不高，通常只有1~2米，浪头与浪头之间的距离比较长，与普通尖顶、短距离的海浪不一样。长浪看上去浑圆，声音沉重，节拍缓慢，每小时传播70~80千米。这种浪靠近海岸时，会变成滚滚的碎浪奔腾而来，常使海岸的水位升

高，浪涛汹涌。当你在海岸边看到此景象，并且随着时间的流逝，长浪越来越猛时，这预兆台风即将来临。

海鸣声

海鸣也叫海响或海吼。台风来临前的两三天，在沿海地区可以听到嗡嗡的声响，其声如远处飞机的声响，又如海螺号角，在静夜里尤其清晰响亮。当声响逐渐增强时，表明台风已经逐渐逼近。凭借这个预兆，渔民就可以事先采取防御台风的措施。

飞鸟疲惫

在台风来临前，感受到台风气息的海鸟为了免受台风的威胁，会日夜兼程地朝着陆地飞去。

有时飞鸟疲惫，以致跌落在海面上。如果有渔船出海，这些疲惫不堪的海鸟还会群歇在甲板上，即使有人对其进行驱逐，它们也不肯离去，这是台风将要来临的预兆。

鱼类上浮

鱼类上浮现象主要是由于台风的低频风暴声波和台风风浪的驱使。低频风暴声波虽人耳不可闻，但某些海中鱼虾却可以感觉到，因而受惊骚动，四散流窜，或是由于台风区气压明显下降。海水中含氧量减少，鱼类上浮。据说，有些海洋生物就喜欢在这种气象条件下进行繁殖，因此群浮海面。

当然，海水污浊，泥沙翻滚，也都是促使浅海鱼类以及底栖生物浮上海面的原因。

特殊晚霞

当台风中心距离海岸大约500~600千米时，沿海渔民常常可以看到东方天边散布着像乱丝一样有光的云彩，从地平线像扇子一样四散开来（这在气象上称辐辏状卷云），且在早晨或晚上天空会出现美丽的彩霞。在福建等地人们称作“台母”，意思是说，看到这种云霞，台风就要来了。

风缆出现

沿海渔民习惯把天空中的辉线，即从东方地平线向上辐射出的三、五条横贯天穹的蓝色条纹，称为风缆。这是由于台风区内有许多高耸的对流云带，当台风接近时，阳光受地平线附近或地平线以下这种成行的积雨云或浓积云单体的遮蔽，就会在天空中出现一条条暗蓝色条纹，有时它会横穿天空，在太阳相对方向汇聚，随着太阳上升而很快模糊消失。因此，看到“风缆”，也是台风将临的征兆。

出现断虹

闽粤沿海渔民中流传一句谚语“断虹现，天要变”。这个“天要变”是指台风将袭击并带来狂风暴雨。断虹也称短虹，是出现于东南方海面上的半截虹。它没有常见雨虹的弧状弯曲，色彩也不鲜艳，通常在黄昏出现。因为断虹是由于台风外围低空中的水滴折射阳光而形成的，所以看到断虹就预示着台风即将来临。

看见“海火”

台风来临前两三天，可看到在海水表面层有点点、片片的磷光，不停地闪烁，时沉时浮，渔民们称为“海火”或“浮海灯”。实际上这是一些发光的浮游生物，如夜光虫、角藻、磷细菌、磷虾等，以及寄生有磷细菌的某些鱼类，在海水表层浮动时呈现的景象。有些鱼类，特别是浅海鱼类在台风逼近时要上浮，一些较大的鱼如海豚也往往群集海面。深海鱼也随海流而来到浅海，甚至可以看到鲸，有时还可以发现一些上浮的深层鱼类、底栖生物，如海蛇浮上海面缠结成团等。

风向谚语

渔民中流传着“一斗东风三斗雨”“六月北风，水浸鸡笼”等看风报台风的经验。谚语中所指的“三斗雨”和“水浸鸡笼”均是指台风雨。这是因为台风多半是来自东南方的广大洋面上。当某地受到台风前半圈外围气流影响时，就常出现西、北、东这三个方位的风向，且要持续半天到一天以上时，即成为台风的预兆。“东风转北，搓绳缚屋”的谚语也是这个意思。然而，有时台风来临前，有的地方几乎是静风，海面上平静如镜，月影清晰地倒映于海中，故也有“海底照月主大风”的经验流传于民间。这大风也是指因台风侵袭而造成的。

另外，雷雨忽然停止、能见度比平时高、海陆风不明显或风向转变，这些现象如果再加上气压逐渐降低，则预示台风临近或者已经进入台风边缘了。

11.简单预测台风的工具有哪些

海上风暴突然来临，常常让渔民措手不及。那么，在风雨莫测的海洋中，除了天气预报还有什么方法可以测得台风的来临呢？

水母耳风暴预测仪

水母是一种低等生物，人们发现，每当在风暴来临之前，它早早就游到海洋深处避难了。那么水母是不是有预测风暴的能力呢？

原来，在海洋风暴来临之前，由于空气、波浪摩擦，产生了频率为8~13赫的次声波，次声波是风暴前的警钟，人耳是听不到的，但是水母却能听到。由于次声波的传播速度要比风暴和波浪快得多，所以，水母才能提前收到风暴的“预告”，迅速采取躲避措施。

次声波是频率小于20赫兹的声波。在自然界中，海上风暴、火山爆发、地震等都可能伴有次声波的发生，次声波不易衰减，不易被水和空气吸收。

水母漂浮在水面上，看上去很像是一把撑开的伞。在它的伞缘上，有很多触手，还有一个细柄，上面长有小球，它就是水母的耳朵。在水母耳朵的内部，有一个极小的听石。次声波正是震动了听石，听石再次把次声波的振动传给水母耳壁内的神经感受器。这样，水母便隐约可听到即将来临的台风的怒吼声，于是便纷纷离开岸边，游向大海，以免被狂风巨浪撕碎。

科学家仿照水母耳朵复杂的结构与功能，发明出了水母耳风暴预测仪，使人们能够提前知道即将到来的风暴，并做好相应的准备。

水母耳风暴预测仪由喇叭、接收次声波的共振器、把振动转变为电脉冲的转换器以及指示器组成。把这套仪器设备安装在船只甲板上，喇叭做360度旋转。当感受到次声波时，旋转的喇叭会立刻停止转动，喇叭所指的方向，就是台风出现的方向，预测仪的指示器也会显示出风暴的强度。风暴预测仪能在台风来临前15小时预报风暴。

氢气球

渔业工人也有用氢气球来测台风的经验。即把充满氢气的气球（直径约为50厘米）搁在耳朵边听一听，就能知道远处有没有台风，它是否会袭击当地。这是什么道理呢？

原来，这也和次声波有关。充满氢气的气球能与台风风浪发出的次声波发生共鸣，产生一种振动。这种震动的振幅和强度，会给予靠近氢气球的人的耳膜一种压力，使耳膜产生一种振动的感觉，台风越近，这种感觉愈清晰。根据清晰程度的变化，就可以判断是不是有台风逼近或者远离。

12.你知道台风预警信号吗

为了减轻和防止突发灾害带来的不利影响，保障人民的生命财产安全，稳固经济建设、社会的发展以及维持自然环境的平衡，中国气象局于2004年8月16日发布了《突发气象灾害预警信号发布试行办法》，其中把台风预警信号根据逼近的时间和强度分为蓝色、黄色、橙色和红色四级。

根据《中华人民共和国气象法》规定，预警信号须由县级以上气象主管机构所属的气象台在本责任区内统一发布。因此，在有重大灾害性天气，如台风、寒潮等来临时，公众就可以迅速从电视、广播、互联网、手机短信和位于城市显著位置的电子显示牌得到预警信息。

台风蓝色预警信号

（1）含义：24小时内可能受热带低压影响，平均风力可达6级以上，或阵风7级以上；或者已经受热带低压影响，平均风力为6～7级，或阵风7～8级并可能持续。

（2）防御指南：做好防风准备；关注有关媒体报道的热带低压最新消息和有关防风通知；把门窗、围板、棚架、临时搭建物等易被风吹动的搭建物固紧，妥善安置易受热带低压影响的室外物品。

台风黄色预警信号

（1）含义：24小时内可能受热带风暴影响，平均风力可达8级以上，或阵风9级以上；或者已经受热带风暴影响，平均风力为8～9级，或阵风9～10级并可能持续。

（2）防御指南：进入防风状态，建议幼儿园、托儿所停课；关紧门窗，处于危险地带和危房中的居民，以及船舶应到避风场所避风，通知高空、水上等户外作业人员停止作业，危险地带工作人员撤离；切断霓虹灯招牌及危险的室外电源；停止露天集体活动，立即疏散人员；其他同台风蓝色预警信号。

台风橙色预警信号

（1）含义：12小时内可能受强热带风暴影响，平均风力可达10级以上，或阵风11级以上；或者已经受强热带风暴影

响，平均风力为10～11级，或阵风11～12级并可能持续。

（2）防御指南：进入紧急防风状态，建议中小学停课；居民切勿随意外出，确保老人小孩留在家中最安全的地方；相关应急处置部门和抢险单位加强值班，密切监视灾情，落实应对措施；停止室内大型集会，立即疏散人员；加固港口设施，防止船只走锚、搁浅和碰撞；其他同台风黄色预警信号。

台风红色预警信号

（1）含义：6小时内可能或者已经受台风影响，平均风力可达12级以上，或者已达12级以上并可能持续。

（2）防御指南：进入特别紧急防风状态，建议停业、停课（特殊行业除外）；人员应尽可能待在防风安全的地方，相关应急处置部门和抢险单位随时准备启动抢险应急方案；当台风中心经过时风力会减小或静止一段时间，切记强风将会突然吹袭，应继续留在安全处避风；其他同台风橙色预警信号。

13.你知道这些地区的台风警报信号吗

我国部分地区台风警报信号

我国有些省和地区台风信号发布规定，当本港及附近地区在48小时内将有台风时，白天就挂起“T”信号，夜间升起三盏白色信号灯；当本港及附近地区将有12级以上风力的台风袭击时，白天就挂起“十”信号，夜间升起上下两盏红灯，中间夹一盏绿色灯的信号。船员和渔民们一看到它们，就知道这是强风袭击最严重的信号。

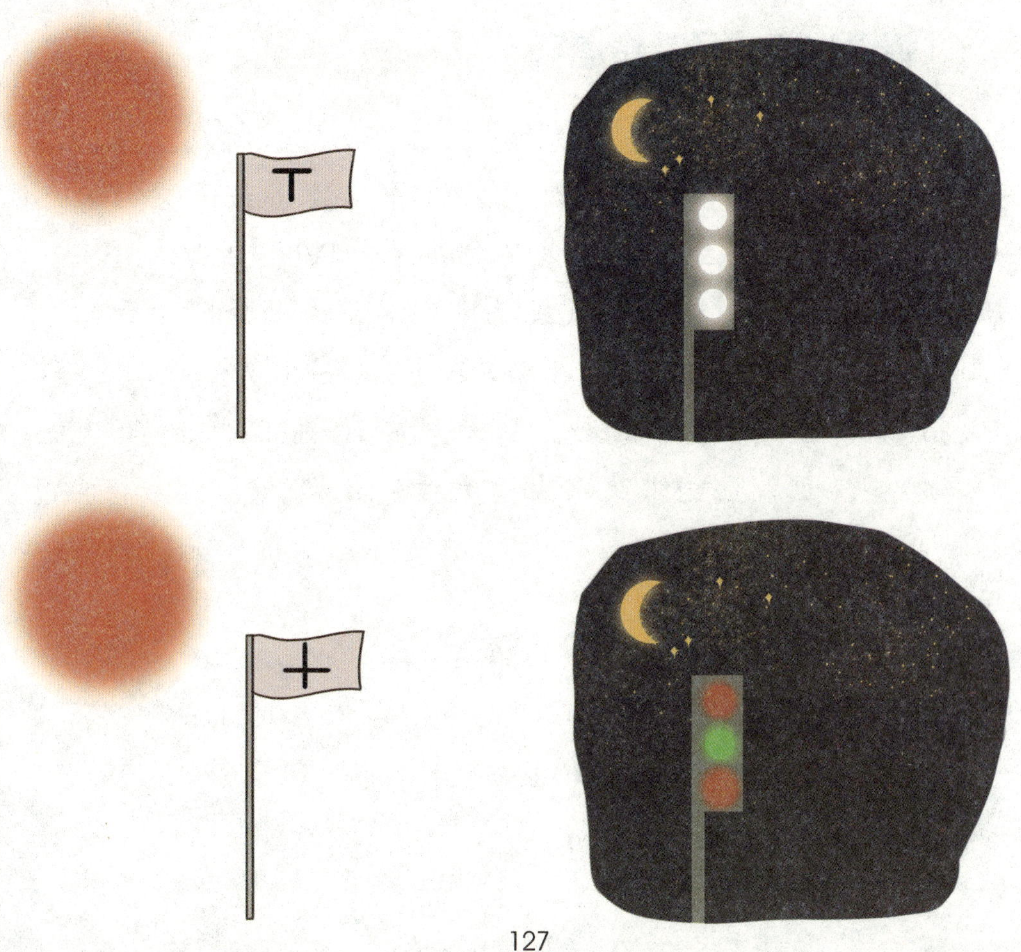

台湾地区台风警报信号

我国台湾省的台风警报发布办法与其他省市有所不同。船员和渔民在收听天气预报时要注意区别。其方法是：凡预测台风在未来24小时内有侵袭台湾近海的可能时，即发布“海上台风警报”。凡预测台风在未来12小时内有侵袭台湾省陆地可能时，即发布“海上及陆上台风警报”。

台风警报的信号是：白天用黄色长方形旗帜表示，两面旗时表示海上台风警报，三面旗时表示海上及陆上台风警报。夜间用绿色灯号表示，两盏绿灯表示海上台风警报，三盏绿灯表示陆上台风警报。

香港地区台风警报信号

我国香港气象台发布台风警报的办法比较特别。从1973年1月1日起，把台风警报改用风级并以数字表示。例如，“8”表示风力达到烈风或暴风程度，8NW、8SW、8NE、8SE分别表示风力达到烈风或暴风程度，风向分别为西北、西南、东北和东南；强风指6~8级（10.8~20.7米/秒），烈风指9级（20.8~24.4米/秒），暴风指10~11级（24.5~32.6米/秒），飓风指12级及以上（大于32.7米/秒）。

美国台风警报信号

美国与台风有关的警报用语有：

热带低压——风速33节（16.5~38英里/小时）；

热带风暴——风速为34~63节（17~32米/秒，39~73英里/小时）；

飓风——风速为64节（约32~33米/秒，74英里/小时）或以上（1英里≈1.6千米）。

美国常用三角旗、方形旗和灯号系统作为警报的信号。当台风将侵袭任何沿海区域时，在岸边定点挂起信号。

小风警报信号：白天显示一面红色三角旗，夜间是白灯上面一盏红灯。表示风速达33节（约16米/秒，38英里/小时）或预报该海区的海况危及小船的操作。

大风警报信号：白天显示两面红色三角旗，夜间红灯上面一盏白灯，表示预报海区的风速为34~47节（17~24米/秒，39~54英里/小时）。

风暴警报信号：白天显示一面中心黑色的红色方形旗，夜间两盏红灯。表示预报该区的风速为48节（约24米/秒，55英里/小时）和48节以上。如果此风暴与热带气旋（飓风）有关系，则风暴警报表示预报风速为48~63节（24~32米/秒，55~73英里/小时）。

飓风警报信号：白天显示两面中心黑色的红色方形旗，夜间两盏红灯之间有一盏白灯。表示预报该区的风速为64节（32~33米/秒，74英里/小时）或以上。

14.如何从长远预防台风

台风会引发海浪和增水，容易造成沿海地区人员的伤亡和经济损失。因此在沿海地区通过修筑海堤、绿化造林和按抗风标准设计建筑物可以在很大程度上减少台风造成的损失。

修筑海堤

海堤工程是抗御台风的重要防灾设施，能使陆地免受波浪、风暴潮、海啸的侵袭。我国人民在长期同台风灾害的斗争中积累了丰富的经验，陆续修建了沿海、沿江堤防和挡潮闸，这些设施在防御台风侵袭中发挥了重要作用。但也有不少海堤标准不高，缺少维护保养。因此，加强海堤的修建、加固和维护，对抗防御台风具有十分重要的意义。

绿化造林

沿海地区造防风林带也是一项极其重要的防御措施。防风林可以削弱台风的风力，减轻陆地上的受灾程度，也能起到加固海堤的作用，减轻海浪对堤岸的破坏。现在，我国沿海地区越来越重视防风林的建设，并视之为防御台风的一大“生物措施”。海南岛全岛1 480千米的宜林海岸线，已基本形成闭合的环岛防风“绿色长城”。福建省沿海3 000多千米的海岸形成带、网、片相结合，建成宽10~15米的绿色“屏障”。目前我国共营造沿海防风林带1.1万多千米，占宜林海岸线总长的83.5%。

按抗风标准设计建筑物

风压是建筑设计结构中侧向载荷的一种主要基本数据，建筑设计中必须考虑风载荷。在设计中，若风压取值偏低，建筑物的安全就无法保障。在台风经常袭击的地区，需要将历史上出现过的极大风速作为设计风压的依据。在对建筑物进行设计时，既要考虑造型，也要考虑抗风能力，不能为使建筑物美观而不重视其牢固度。

第四章

台风来了怎么办

台风灾害是世界上最严重的自然灾害之一。全球每年出现的台风约有60次，其中大约76%发生在北半球。平均每年因台风死亡2万人左右。我国地处太平洋西岸，是世界上少数几个遭受台风影响最多、最广、受灾最严重的国家之一。我国台风登陆直接影响范围北起辽宁，南至广东、广西和海南的广大沿海地区。影响我国的台风平均每年约有20次，其中登陆的约占40%。

因此，了解更多的防台风知识，对提高我们的防台风意识和遇险时的自防自救能力具有重要的意义。当遇到这些台风灾害时，懂得正确的防灾避险以及自救常识，就能让我们在紧急情况下逃过一劫。

1.收到台风预警要做哪些准备

现代科技的发展，能够比较准确地预测台风的到来。在收到台风预警以后，要及时采取防御措施。

关注气象信息

密切关注台风动向，注意收听、收看有关媒体的报道或通过气象咨询电话、广播、电视、气象网站等了解台风的最新情况和政府的防台政策。

做好安全检查

收到台风预警后，应检查门窗是否牢固，可以备好胶合板、塑料板等，以便在台风来临前加固门窗。门窗玻璃最好用胶带粘好，以防狂风吹碎玻璃，四散伤人。加固或转移室外有可能被风吹落的物体，如花盆、护栏、遮雨棚、晾衣杆、室外天线等。检查煤气、水源及电路，小心各种会引发火灾的隐患。

储备充足物资

在台风期间多准备些食物、饮用水及常用药品等，很有必要。因为台风最易造成断水、断电，如果居住在台风运动区间或低洼地带，很可能被台风围困一段时间，所以，食物和饮用水的准备一定要充足。

准备应急工具

准备一些可以应急的照明设备，如蜡烛、手电筒或蓄电池的节能灯等，最好还要准备充足的干电池。这样就算遇到房屋进水或是停电等情况，照明也不会成为问题。

保持排水畅通

积水给地势低洼的居民区带来的麻烦和危险要能避则避。因此要做的就是赶在台风来临之前检查自家的排水管道和房前屋后的排水沟是否畅通，如果条件允许，最好将其疏通一下。而住在一楼的住户则要特别小心，一些浸不得水的衣鞋、货物以及电器，要尽可能地移往高处，这样即使房内进了水，也不会造成太大的损失。

及时安全转移

收到台风预警时，居住在可能受淹的低洼地带和危旧住房的居民，应及时转移到安全地带，转移时要保管好家里的贵重物品，带上随身的日用品，多准备点衣物和干粮。

检查交通工具

检查交通工具，了解安全的撤离路径。台风到来前选好车子的停放地点。一般来说，车辆要移至高处停放，也可以入库保管，最忌停在路边障碍物下或积水路边。还要检查雨刷、灯光等电路系统功能是否正常，保证能随时使用。

船舶回港避风

收到台风预警和发现台风先兆时，在海上航行或作业的船只，一定要及时驶进港口躲避，并同时抛锚以加强船只的固定，减轻风浪来临时的移位。及时加固船只上易移动的物品，以防掉落或摔坏。液体货物应进舱，其他货物要绑紧、加固。船上的人员必须上岸避风。

转移花盆

2.台风期间外出需要注意什么

台风期间，最好多待在坚固的建筑物内，尽量不要外出行走。必须外出时，应该弯腰将身体蜷成一团，以减少受风面积。一定要穿上轻便防水最好是绝缘的鞋子和颜色鲜艳、紧身合体的衣物，把衣服扣好或用带子扎紧。台风常伴有大雨大风，因此一定不要打伞，最好是穿上雨衣，戴好雨帽，系紧帽带。

在台风中行走时，应一步一步走稳，顺风时千万不要跑，否则很容易停不下来，甚至还有被狂风刮走的危险。如果有栅栏、柱子或其他稳固的固定物等可以帮助稳定行走的物体，一定要抓好。

在建筑物下面或建筑物密集的街道行走时，要特别注意高空落物或不明飞来物，以免被砸伤。尤其是走到道路拐角处时，要停下来仔细观察确定没有危险时再走，留意不要被刮起的飞来物击伤。尽量避免在河、湖、海的路堤或桥上行走，以免被风吹倒或吹落水中。经过狭窄的桥或高处时，极

易被刮倒或落水，若一定要在其上通过时，最好的姿势是伏身爬行。同时留意道路两侧的易倒物，如围墙、行道树、广告牌等。也要注意树倒枝折、电线杆倒杆断线、公路塌方等情况。

台风的暴雨往往会造成路面大量积水，被水淹没的道路危机四伏，千万要小心。要密切注意路上积水，防止掉入看不见的水坑或漩涡，最好是用木棍或竹竿一步一步探好路后再行走。儿童和青少年千万不要在水中嬉戏游玩，也不要独自在水中行走，如果需要避风雨，千万不要选择危旧住房、工棚、临时建筑、脚手架、电线杆、树木、广告牌、铁塔等容易造成伤亡的地点。

3. 台风期间开车需要注意什么

台风天气时，尽量不要驾车外出，如果不得已要驾车在外，需要注意以下几点。

（1）如果在台风期间开车出门，首先要检查刹车、雨刮器、各种灯的运行是否完好，以避免在关键的时候出现问题。

（2）台风期间驾车应减速慢行，与前方车辆保持距离。行驶中遇强风侵袭，就近选择没有高空坠物危险的停靠处，不可强行驾驶。

（3）在台风中行驶，一定要保持警惕，集中注意力，注意密集建筑物的街道是否会有高空物体坠落，注意路上慌乱躲避的行人，不要与急于赶路的行人抢行。

（4）在高速公路行驶时，要时刻关注风的走向。特别要注意的是从车辆侧面刮来的风，尽量保持低速驾驶，如果车速过快，很容易翻车。

（5）路面积水较深时，最好绕行。绕不过去时，要小心驾驶。不要猛踩油门，因为不知路面积水中是否存在障碍物，而且刹车片浸在水中，会影响制动效果，来不及刹车避险。

（6）车辆要停放在地势较高、空旷的地方，在进入停车场时，先要了解车库排水设施是否完善，以免被水淹没。车辆不要停留在广告牌、枯树和临时建筑的下面，以防物体掉落。

4. 台风中在野外如何避险

野外避险

如果在野外遭遇到台风，应往附近屋子或山洞躲避。如果没有这些场所，应选择高地、森林或坚固岩石下等没有洪水危险的地区。千万不要在临时建筑物、广告牌、铁塔、大树等附近避风避雨。

如果已经在室内躲避了，应该封死窗户并远离窗户，防止受到玻璃或窗外飞来的物体的伤害。正确的做法是躲藏在没有窗户的房间里，如浴室、储藏室、地下室等地方，并且要切断电源，关好煤气。等待台风过后再采取其他的自救措施或等待救援。

台风过后不久，一定要在房子里或原先的藏身处待着不动。因为台风的“台风眼”在上空掠过后，地面会风平浪静一段时间，但绝不能就此以为风暴已经结束。通常，这种平静持续不到1个小时，风就会从相反的方向以雷霆万钧之势再度横扫过来，如果你是在户外躲避，那么此时就要转移到原来避风地的对侧。

旅游避险

野外旅游时，听到气象台发出台风预报后，能离开台风经过地区的要尽早离开，否则应贮足罐头、饼干等食物和饮用水，并购足蜡烛、手电筒等照明用品。

由于台风经过岛屿和海岸时破坏力最大，所以要尽可能远离海洋，不要去台风经过的地区旅游，更不要在台风影响我国台湾兰屿岛经常遭受台风的袭击，因此岛上居民雅美族人创造性地建造了一种“地窖”式的民居，房屋一般位于地面以下1.5~2.0米处，屋顶用茅草覆盖，条件好的用铁皮，仅高出地面0.5米左右，迎风面缓，背风面陡。日本太平洋沿岸易受台风袭击的一些渔村，房屋建好后一般用渔网罩住或用大石块压住。20世纪90年代，我国有一沿海城市在设计高楼时，因为没有充分考虑到风力的影响，在台风袭击时，发生高楼幕墙玻璃脱落，造成砸伤上千名行人的重大事故。因此，对建筑物，尤其是高层建筑物的设计，一定要考虑其抗风的能力。

期间到海滩游泳或乘船出海。

台风来时，如果已在海边和河口低洼地区旅游时，应尽可能到远离海岸的坚固宾馆及台风庇护站躲避。

如果你是开车旅游，则应将车开到地下停车场或隐蔽处。如果你住在帐篷里，则应收起帐篷，到坚固结实的房屋中避风。如果你已经在结实的房屋里，则应小心地关好窗户，在窗玻璃上用胶布贴成米字图形，以防窗玻璃破碎。

如何判断台风是否远离

台风侵袭期间风狂雨骤时，突然风歇雨止，这是否表示台风已经远离了？

当狂风暴雨突然停止的时候，应该是台风眼经过的现象，一般而言二三十分钟之后，狂风暴雨会再次来袭，所以千万不可认为台风已经远离。因为台风远离时，通常风雨是渐渐减小的，不会突然停止。

台风离开时，风雨会渐渐减小，并变成间歇性降雨，慢慢地风变小，云升高，雨渐停，这才是台风离开了。如果台风眼并未经过当地，但风向逐渐从偏北风变成偏南风，且风雨渐小，气压逐渐上升，云也逐渐消散，天气好转，这也表示台风正在远离中。

5.船舶在海上遇台风如何自救

船舶在航行中遭遇台风袭击，应主动采取应急措施，及时与岸上有关部门联系，弄清船只与台风的相对位置。还应尽快动员船员将船只驶入避风港，封住船舱，如是帆船，要尽早放下船帆。

如果来不及返航，船只应该向最近的海岛靠拢，及时登陆海岛，避免船毁人亡，同时利用船只上的通信设备向陆地上发出求救信号，报告自己的准确位置，在海岛上等待救援。在救援船只或直升机到来时，可以挥舞旗帜或点燃火把，及时发出求救信号，指引救援人员的救援。

如果在海面上遇到台风的袭击，落水的可能性极大。所以，一定要随身携带好淡水、食品和通信工具，穿好救生衣。小的渔船在海面上很难经受住台风的袭击，应该在渔船沉没之前，跳水逃生，避免与渔船一同沉入海底。但一定要在跳水逃生之前，记录下自己落水的准确地理坐标，以便为搜救人员提供准确的坐标。在落水之后，要减少身体的活动量，保持体温。在海面上的风浪减小后，及时发出求救信号，等待救援。

6. 台风中汽车落水如何自救

如果驾车落入水中，要保持镇静，不要惊慌失措。汽车落水后，不会瞬间沉入水底，车门最容易打开。因此，应在第一时间尝试车门是否能够打开，如果可以打开车门，就要迅速逃离。

如果车门已经无法打开，那么就要尝试将车窗迅速摇下。摇下车窗的目的是为了让水进入到车内，使得车内外水压保持一致，车门就可以轻松打开。如果车门受损或者无法开启，也可以迅速从车窗逃生。

如果车门和车窗都无法打开，就尽快砸窗自救。砸窗时首选安全锤、榔头等重量工具。所以，建议在车内常备一些此类自救的器械，以备不时之需。砸车窗玻璃时，侧车窗比前后挡风玻璃厚度小，所以首选敲打侧窗玻璃逃生。迅速敲打玻璃的边缘和四角，破坏钢化玻璃的张应力和压应力的平衡。垂直敲击，玻璃最易砸碎。从车里向外逃生时，要深呼吸几次，做好憋气潜水的准备。

7.遭遇山洪等突发灾害如何避险

台风容易引发山洪、泥石流、山体滑坡、崩塌等地质灾害，造成人员伤亡。对此，居住在地质灾害多发地的居民一定要提高警惕，一旦发现有山洪、泥石流等地质灾害征兆时，不要迟疑，唯一需要做的就是尽早撤离危险区，并及时报告当地政府和有关部门，使得周围居民也能及时撤离。如果撤离不及时或在野外遭遇山洪、泥石流等突发事件，首先应保持冷静，然后迅速判断周边环境，做出正确的撤离路线或避险措施。

山洪应急避险

当遇到山洪暴发时，要向山上或较高的地方跑。如一时无法躲避，应选择一个相对安全的地方避洪，千万不要向行洪河道方向跑，更不要轻易涉水过河。

泥石流应急避险

当遇到泥石流时，要向泥石流前进方向的两侧山坡跑，切不可顺着泥石流沟向上游或下游跑，更不要停留在凹坡处。同时，要注意避开河道弯曲的凹岸或地方狭小、高度又低的凹岸，不要躲在陡峻的山体下，防止坡面泥石流或崩塌的发生。

滑坡应急避险

当遇到滑坡时，应向两侧逃跑，不要顺着坡向下跑。当遇到高速滑坡无法逃跑时，不要慌乱，如果滑坡呈整体滑动，可原地不动或抱住大树等物体。

崩塌应急避险

当遇到崩塌时，可躲避在结实的障碍物下，或者蹲在地坎、地沟里，还要注意保护好头部，不要顺着滚石方向往山下跑。

8.在海边不慎被卷入海里怎么办

如果在台风中不慎被卷入海里，这时候一定不要试图逆流而游，否则，即使游泳技术再好，也很容易发生危险。

千万不要慌乱，保持镇静是最重要的。不可胡乱挣扎、拍打。要拼命抓住身边任何有漂浮力的物体，如漂浮的木头等物品。

落水前深吸一口气，落水时不要挣扎，自然的浮力会很快让你浮上水面，此时要借助波浪的冲力不断蹬腿游动，尽量观察好浪头的方向，浮在浪头上趁势前冲，奋力游回岸边。

浪头到时挺直身体，仰头，下巴前伸，使口鼻露出水面，双臂前伸或贴紧身体平放，身体像冲浪板一样；浪头过后一面踩水顺力前游，一面观察后一浪头的动向。

大浪接近时，游泳技术好的人可深呼吸趁势潜入浅海海底，把手插在沙层中固定住身体，等到海浪涌过后再露出水面，辨清方向后及时游回岸边。

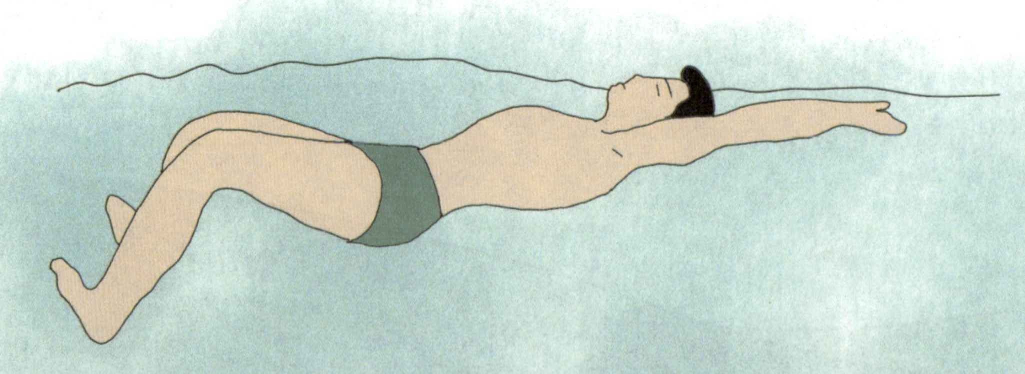

9.海上船只遭遇台风如何避航

台风是海上航行的敌人，在海上，伴随台风而来的多是狂风、暴雨和巨浪。那么在海上航行的船舶遭遇台风时应如何避航呢？

台风来袭时，它的路径是有一定规律的。如果用眼睛顺看台风中心运动的方向，在北半球，台风的危险区域，是在台风移动路径的右边。人们把这右边的半圆，称为“危险半圆”，左边半圆称为“可航半圆”。当然“危险半圆”与“可航半圆”也是相对而言的。

为什么称右半圆为“危险半圆”呢？

第一，由于右半圆的风向和台风移动路径接近一致，船舶容易被风吹到台风中心的路径上去，一旦被吹进台风中心，就不易驶离。

第二，台风右半圆受到副热带高压的影响，气压梯度较大，所以右半圆的风速较左半圆大，浪也特别高。

第三，台风如果要改变方向，多数是向右半圆转向的，因此右半圆比左半圆要危险些。而右半圆的前半部危险性更大，被称为“危险象限”。

船舶在海上遇到台风时，应根据台风的情况和动态预报

以及现场观测的风力、风向和气压的变化情况判明本身所在的位置，以便采取适当的航行方法，尽快远离台风中心。

在北半球，如风向顺时针变化，气压不断下降，风力逐渐增大，此时船位是处在台风的危险半圆的前半部，即危险象限，应以船首右舷顶风全速航行；如风向逆时针变化，气压不断下降，风力逐渐增大，此时船位是处在台风的可航半圆的前半部，应以右舷船尾受风全速航行；如风向不变，气压不断下降，风力逐渐增大，此时船位是处在台风的进路上，应以右舷船尾受风全速航行。

10. 台风过后还需注意什么

台风过境后，并不等于危险完全解除。这时，很多人因为掉以轻心而导致危险发生。因此，台风过后一定需要注意以下几点。

不要擅自返回家园

台风警报解除后，转移、撤离人员不要急于回家看受灾情况，要等居住地确认安全以后，再按照安排返回家园。遭遇台风侵袭后，家里可能已经产生潜在的危险。回家后，要检查房屋、门窗等是否牢固可靠。在没有十足的安全把握前，不要随意使用煤气、自来水、电路等，以防不测，并随时准备在危险发生时向有关部门求救。

出行注意安全

台风过后，外面充满了危险，出行千万要注意安全。遇到路障或者是被洪水淹没的道路，要切记绕道而行，不要走不坚固的桥。遇到静止的水或垂下来的电线、电缆，要立即远离，千万不要涉水，以防触电。不在被毁坏的房屋、建筑、设施，以及折断的广告牌、线杆、树木等附近逗留或经过。

不要接近地质灾害隐患点

台风过境，常常会带来大暴雨，暴雨容易引发山体滑坡、泥石流等地质灾害，造成人员伤亡。因此在台风过后，千万不要涉足地质灾害隐患点和不熟悉的地方。灾后出门，特别是去山区，一定要事先了解路段情况，如遇到溪谷水量暴涨而冲断桥梁或因塌方而不能通行的，一定要等危险解除以后再前进。

不要盲目开车进山

台风过后，山区山石塌方、路基被毁等灾害的发生概率增加，稍有不慎就有连人带车坠入山涧的危险，因此最好不要选择此时开车进入山区。如果不得不进山，一定要遵循道路两旁设置的指示牌行驶。

不要乱接断落的电线

台风过后，无论是家里的电线掉落，还是路上看到被风刮落的电线，无论带电与否，都应视为带电，与电线断落点保持足够的安全距离，并及时向电业部门报告。

11. 台风过后如何做好防疫工作

台风过后，很多地方由于洪水的冲刷污染了生活用水和居住地，加之蚊蝇的大量滋生与繁殖，老鼠的迁移，造成了生活环境的严重污染；长期阴雨、室内受淹，食品容易发霉变质等。这些因素均易给人体健康带来危害，特别是容易引发肠道传染病的暴发流行。为此，台风过后要做好防疫工作。

注意饮用水的卫生

不喝生水，只喝开水或符合卫生标准的瓶装水、桶装水。装水的缸、桶、锅、盆等必须保持清洁，并经常倒空清洗。对取自井水、河水、湖水、塘水的临时饮用水，一定要进行消毒。浑浊度大、污染严重的水，必须先加明矾澄清。用于饮用水消毒的漂白粉（精片）必须放在避光、干燥、凉爽处，可用棕色瓶拧紧瓶盖存放。

注意食品卫生

不吃腐败变质或被污水浸泡过的食物。不吃剩饭剩菜，不吃生冷食物。不吃淹死、病死的禽畜和水产品。食物生熟要分开。碗筷要清洁消毒后使用。不要到无卫生许可证的摊位购买食品。

注意环境卫生

应将家具清洗后再搬入居室。整修厕所，修补禽畜圈。不要随地大小便，粪便、排泄物和垃圾要排放在指定区域。

注意个人卫生

注意手部清洁，不用手，尤其是脏手揉眼睛。避免接触脏水，因为脏水中含有大量的病菌。各人的毛巾、脸盆、手帕应当单用。如果感觉身体不适，要及时就医，特别是发热、腹泻的病人，要尽快寻求医生的帮助。